U0303569

"物理学与生活"三部曲

牛顿驾驶学校

藏在汽车中的物理学

The Isaac Newton School of Driving

Physics and Your Car

[美] 巴里·帕克 著　朱蒙 译

商务印书馆
The Commercial Press

The Isaac Newton School of Driving: Physics and Your Car

By Barry Parker

©2003 Johns Hopkins University Press

Published by arrangement with Johns Hopkins University Press, Baltimore, Maryland through Chinese Connection Agency.

献给查尔斯与奥利弗·维泽尔

致 谢

感谢特雷弗·利普斯科姆在本书筹备期间提供的建议与帮助。感谢帕特·内杰希协助提供本书所用的图片。感谢爱丽斯·卡拉普莱斯对本书的精心编辑。感谢约翰·霍普金斯大学出版社的工作人员在此项目成书过程中给予的一切协助。

想了解作者的其他著作，欢迎访问www.BarryParkerbooks.com。

目　录

第1章 引言

　　新车，它们的线条流畅顺滑、车身锃光闪亮、造型曲线动人，它们令人着迷，是高贵、雅致和精良的化身。它们既叫人亢奋，又充满乐趣。初次驾驶新车的那股快乐劲儿，定会叫你久久难忘。物理学亦蕴含着某种美感与优雅。透过一些简单的原理与数学的巨大威力，你便可上通宇宙的膨胀，下晓原子间的剑拔弩张，用惊人的准度预测世间万物。而且，你还可以就汽车做出重要的预言。

　　我将通过本书，让汽车与物理学进行结合。乍看之下，二者的共同点貌似不多，但其实不然。不难证明，物理学的每个分支都能在汽车的某处得到体现，且力学这个物理学中专门研究运动的分支尤甚，毕竟汽车会动。如果汽车在动，那它们就具备一定的速度；而要让它们动起来，就必须使汽车加速；为了让车加速，必须向它施加一个力，而这个力势必有其来处。物理学正是这一切的基础。其实，马力[①]和扭矩[②]——这两个与汽车相关的主要术语——同样也是力学的重要术语。

物理学中另一个重要分支研究的是弹力与振动，这些概念对于汽车的悬架系统至关重要。热量与热力学是发动机性能的关键，而要起动发动机并令之持续运转则要借助电与磁的威力。随着如远程信息处理（详见第11章）等现代技术的发展，通过电磁波进行的无线通信在汽车中的应用日渐普遍。不难看出，物理学既是理解汽车的关键，也是改善汽车性能与安全的一大法门。

我在大学教授物理学三十余载，同时又是在汽车的陪伴下长大的，所以这两者最终得以结合，对我而言或许再自然不过。我的父亲曾是一名汽车机修师兼修理厂主。年少时，从汽配零件到事故车修复再到润滑，我把每个环节的工作干了个遍。那个时候没人信得过我，不肯把全面维修汽车发动机的活交给我做，但不妨碍我把自己车上的电动机"大卸八

---

① 马力是功率的计量单位，分为英制马力（horsepower，HP）和公制马力（Pferde Starke，PS）两种，本书中涉及的马力均指英制马力。功率的法定计量单位是瓦特，简称瓦。1英制马力等于745.7瓦，1公制马力等于735.5瓦。日常生活中人们谈论汽车、空调等设备的性能时，常用马力指代功率，并以匹作为马力的代称。本书所涉及的英制单位与法定计量单位之间的换算可参见附录2。——编者注（本书脚注如未加说明均为译者注）

② 扭矩是使物体发生转动的一种特殊力矩。发动机的扭矩是指发动机从曲轴端输出的力矩，它能够反映汽车在一定范围内的负载能力，扭矩越大，加速性越好。扭矩的法定计量单位为牛顿米，常用单位还包括磅力英尺。日常生活中人们也将扭矩称为扭力。——编者注

块"。有段时间我曾想成为一名机械工程师，走上设计汽车的道路。对我来说，这确实是叫人魂牵梦萦的职业，但经过深入研究，我发现这个领域的工作机会并不多，于是最终选择了物理学。毕业并开始执教后，我很快发现学生们都对汽车很感兴趣。每当我用来自《汽车世界》的例子阐释物理学原理，他们便兴致盎然，于是我也尽可能沿用了这种教法。

　　在汽车修理厂工作的时候，试驾新车是我最爱的工作内容之一。其中最令我难忘的是一辆黄色敞篷车。那时候我还没见过几辆敞篷车呢，所以那辆车可是个稀罕物。我一直说它是辆"黄"车，说了几次之后，有人不乏礼貌地纠正我说那不是黄色——那叫"运动员绿"。可我瞧着，这怎么也不像是绿的，于是我坚持当它是黄色。不管怎么说，我想方设法开着它去城里兜了几圈，可把我高兴得不行。眼下，最新一期的《汽车》（Automobile）杂志，又唤起了我对那辆车的记忆，封面上赫然一辆兰博基尼的"蝙蝠"（Lamborghini Murciélago）跑车。嘿，这种颜色才是我心中的"运动员绿"嘛！你应该听说过有种颜色叫作"怯粉"①，那这种颜色就应该叫"怯绿"了。关于这辆车的那篇文章名为《地狱蝙蝠出笼来》（"Bat Out of

---

　　① 原文为"shocking pink"，即一种极其明亮、鲜艳、强烈的粉色，饱和度极高，十分接近芭比娃娃衣饰的"芭比粉"或"荧光粉"，同理，作者口中的"运动员绿"（sportsman's green）也接近扎眼的"荧光绿"，是一种亮度极高的浅绿色，常见于运动服饰。

Hell"①）也是相当取巧。拜读之下，我才明白兰博基尼之所以将这款跑车命名为"蝙蝠"，灵感源于一头西班牙斗牛。显然这头"蝙蝠"在1879年展现了非凡的勇气与斗争精神，令当时一位知名的斗牛士大加感佩，不禁手下留情，留它一命。不仅"蝙蝠"的性命得以保全，其名还被冠于跑车以示纪念（当然这是后话了）。

这辆兰博基尼跑车确实够美（见图1）。事实上，除了273,000美元的售价叫我承受不住，它可以说是浑身上下无一处不美了。鉴于我写的是本关于车的书，各位读者或许想知道我开的是什么车。身为一名狂热的钓鱼迷、徒步迷和滑雪迷，过去几年里我开的基本都是运动型多功能车（简称SUV）。这貌似是最适合我生活方式的车型了。

图1 2002年款兰博基尼"蝙蝠"跑车

不同于大多数科学类著作，本书不会出现越读越难懂的

① 英文短语"bat out of hell"源自美国摇滚歌手密特·劳弗于1977年发行的专辑名称，一般比喻物体移动速度极快，势头猛烈。

情况；其实第 2 章可能就是本书最难读的一章了，因为其中涉及的数学知识相对其他章节是最多的。我也曾试着缩减数学内容，但若要深入理解物理学，一定量的数学知识必不可少。我在部分情况下省略了推导公式，不过应该不影响理解。

第 2 章探讨的是有关驾驶的基础物理知识。其中涉及速率、速度、加速度，以及人身处车中时的受力分析。本章的难度相当于高中物理课的水平，动量、能量、惯性、向心力与扭矩等概念也有进一步说明。上述内容都与汽车的运动紧密相关。

第 3 章的内容非常关键。我们会探讨汽车发动机及其如何运转，当然，这差不多就是汽车的全部了。没有发动机，你的车可哪儿都去不了。在这一章开头我会讲到一点历史内容，大部分人都对历史饶有兴致，但本章话题的核心是围绕着四冲程内燃机及其运转原理展开的。对任何发动机而言，效率都是重中之重，而我会分别给四种不同的效率下定义，分别是：机械效率、燃烧效率、热效率和容积效率。人人都对效率津津乐道，不仅如此，在对比马力、扭矩以及现代汽车的其他元素方面也很热衷，于是我基于这些内容列出了几份表格。同时，我也简要探讨了涡轮增压器与机械增压器，以及热量在发动机中扮演着何等角色。本章内容以探讨柴油机与转子发动机作结。

第 4 章与汽车的电气系统相关，我在电气系统方面有不少有趣的个人体验。其中最早的一次距今很多年了，彼时我学艺尚不精专。那天我与妻子度完短假归来，天色已晚且暴雨倾盆，雨刷器再怎么刷也是杯水车薪。正在这时，发动机突然熄火了。我一时间无所适从，车里连个手电筒也没有，但我知道必须打开发动机罩看看。一定是某处出了故障，我还有可能修得好。于是我钻出车外，掀开发动机罩。此时唯一的照明光源就是过往车辆的车灯，我借着这点光线迅速把所有能查的地方查了一遍，线路没有松动的，还检查了电源插座、冷凝器和分火头[1]。在我看来，一切正常，可这一圈下来我也成了落汤鸡，从头湿到脚。我把发动机罩放下，钻回车里。

"修好了？"妻子问道。

我耸耸肩，然后试着给车打火。果然不出所料，没有打着，我又原地傻坐了十五分钟。正当我抓耳挠腮之际，车竟突然打着了，我不禁内心大慰。后来发现是电气系统出了问题，于是便暗下决心，对这个系统还是多多了解为妙。

因此，我会在第4章讲到电力与电路的基本知识，也会涉及起动机及其背后的基础物理原理，以及交流发电机或发电机及如何调节它们。在这一章末尾，我会探讨点火系统背后的趣味物理知识。

第5章的主题是刹车，刹车与摩擦力有关，这是贯穿

---

[1] 指汽车分电盘中的零部件，跟着分电器一起旋转。分火头与分电器均属于传统点火系统，已被现在的汽车发动机弃用。

整个物理学的重要元素。制动器是汽车上最重要的部件之一，要是它不能正常运转，或是制动性能不好，你的麻烦可就大了。在汽车修理厂打工时，开车在附近的城镇之间来回兜圈就是我的工作内容之一。一天早晨，店里吩咐我把一辆半吨重的旧皮卡车送去隔壁镇上，于是准备出发之前，我把车子检查了一遍，发现发动机罩似乎没有盖好，于是使劲盖了几下，但没什么用，我也没把这事放在心上。通往隔壁镇的路临着一片湖，我知道那湖里有个陡峭而且极深的大断层——因为离湖岸仅几英尺远，湖水的颜色就陡然变黑了，且深不见底。然而，我之前竟没料到这个断层有什么危险。

把车速提到 60 英里/时的时候，我发现发动机罩开始震动。很快，震动变为砰砰作响。那声音相当烦人，但因为临走前才检查过，我确信不会出什么事。

突然，有个东西撞到了挡风玻璃上。撞击声震耳欲聋，我确信我从座椅上被弹起来好几寸高。我被吓傻了，愣了一会儿才明白过来发生了什么：发动机罩整个被掀起来，飞到挡风玻璃上了。我什么也看不见。这时候，我脑子里想的全都是那个离我只有几英尺远的大断层。

我试着尽快摇下车窗，但也只能摇下来半截。这时我使劲儿猛踩刹车，但车仍在以 40~50 英里/时的速度继续滑行。我明白如果不能赶紧把车停住，我就完了。我打开车门看向车外，惊讶地发现车还在路上——本以为随时会一个猛子扎进湖里呢。最后也不知怎么的，总算把车给停住了。

图2　2002年款道奇"蝰蛇"

那辆旧皮卡车千不好万不好，但是谢天谢地，它的刹车非常好。而那次经历让我对制动系统有了更深的体会。

此外，我还会在第5章中讲到不同种类的摩擦力、制动距离、轮胎牵引、液压装置和制动系统，以及防抱死制动系统（简称ABS）。

来到第6章，我们将从制动系统转到悬架系统与变速器。尽管此二者之间并无关联，我还是把它们放在了同一章。二者各自都会涉及大量的物理学知识。在詹卡洛·金塔（Giancarlo Genta）的综合性著作《机动车辆动力学》（*Motor Vehicle*

Dynamics）中，关于悬架系统的一章是篇幅最长、难度最大的章节之一。他用海量的数学细节展现了对悬架系统各方面的详尽研究，没有工程学方面的专业知识自然是无法读懂的。我无意深究至此，不过我准备带领大家对悬架系统的基础知识与其背后的物理学原理进行大致的了解与把握。

　　从许多方面来说，传动系统都是汽车中最为复杂的系统。它是后轮动力传动系统的重要组成部分。动力传动系统承担着将发动机产生的旋转运动输送到后轮的任务，而且总的来说，有许多需要考虑到的事情。传动系统的基本组成部分是圆形的齿轮，本质上非常简单。而当你开始把这些齿轮组合在一起，情况就复杂起来了。在这一章中，我们会研究这些齿轮的工作原理，并探究汽车中为什么需要配备行星齿轮与复合行星齿轮组。

　　在第 7 章中，我们会研究汽车的空气动力学知识。我一直都对空气动力学兴趣浓厚。这可能要追溯到我年少时对飞机的兴趣：我对制作模型倾注了满腔热情，花了大量时间制作能飞行的模型飞机。本章的核心内容是气动阻力系数，通过它我们几乎可以掌握关于汽车空气动力学的一切内容。正如诸位将在本章所见，汽车中的这一系数多年来一直在缓慢下降。换句话说，汽车正变得越来越符合空气动力学原理，该趋势不仅让汽车越来越"养眼"，还越来越省油。在这一章中，我们还会探究各种类型的阻力、汽车周围的流线与气流、

图3 2002年款雪佛兰科尔维特"白鲨"

伯努利定理（Bernoulli's theorem）、气动升力与下压力，以及它们是如何影响汽车稳定性的。

第8章算是一节关于撞车事故的简要分析。毕竟物理学是研究物体间相互作用的学科：原子间的相互猛击、气体分子的彼此碰撞，以及球体和其他各种物体之间的互相弹射等。显然，这一概念也可以延伸到车辆的碰撞上来。我不敢打包票读了这一章能使你免于撞车，但你能从中体会到撞车事故中牵涉的力有多么可怕，带来的震慑足以令你尽力避免发生碰撞了。因此，我们会在这一章探讨正面碰撞、擦边碰撞、通过事故重建来确定车速以及碰撞测试的内容。

到第9章，我们将把视线转向与赛车相关的物理学知识。

赛车确实是一项广受追捧且拥趸众多的运动。我刚刚在电视上看完了恩佐·法拉利（Enzo Ferrari）的传记，被他的故事深深迷住了。这种独自克服困难、历经千难万险终成赛车史上一代传奇的故事实在魅力无穷。1916年，还是少年的他痛失父兄，两年后的一场流感又险些要了他的命。随着第一次世界大战结束，他身无长物、困顿无业，而这时，改变他一生的事情发生了。他在意大利最大的汽车制造商菲亚特（Fiat）求职时遭拒。当时的菲亚特坐拥全球最好的赛车，法拉利就此立志要造出超越菲亚特的赛车——后来他确实也做到了。我认为最有趣的一点是，这位现在因豪华轿车驰名天下的法拉利，却独独钟情于赛车，对公司旗下的任何其他车型都不感冒。他把满腔热忱都倾注在赛车上，于他而言，制造豪华轿车不过是为了给赛车赚钱罢了。终其一生，他旗下的赛车手们赢下了五千余场比赛，人人均有纪录在手。但是，他却注定因豪华轿车被世人铭记。

　　赛车中蕴藏着诸多物理学知识。轮胎、赛车移动时的重量转移、车辆重心的位置、赛车的转动惯量——它们都很重要，也都是由物理学原理来决定的。那些对车手而言胜败攸关的赛车策略，也要依据物理学原理来制定。

　　第10章与前几章略有不同。这一章是关于交通，或者更确切地说，是关于交通拥堵的。人人都或多或少遭遇过交通堵塞，每当我从大城市的堵车潮中解脱出来，都会觉得连呼吸都顺畅了些。我很走运，不需要像部分人一样每天都要和拥塞的交通斗智斗勇，我要向他们致以深切的同情。写这一章时我心中充满了期待，因为这一章涉及了我最喜欢的话题之一：混沌。其实我刚刚写完一本关于混沌的书，对本章内容的写作大有帮助。

在最近的一次书展上，我的部分书籍参与了展出。其中之一就是关于混沌的那本。有个人过来拿起了那本书，并细细端详了封面上的绚丽彩图。

图4 2002年款福特"雷鸟"

"呃……混沌。"那人说道，"好像有点意思。是讲什么的？"

我可以肯定，技术上的定义（"对初始条件的敏感依赖性"）绝对吸引不住他，所以我解释道：举例来说，所谓混沌，就是一片树叶在充满湍流的汹涌小河上漂浮时所行之径。

"哦。"他满脸困惑，"为什么会有人想研究这个啊？"

尽管当时没说出口，但我很想告诉他，混沌正在彻底改变所有的科学，从而改变这个世界。

混沌确实是物理学中一个引人入胜的分支（如果我能称其为物理学分支的话），而且它的重要性还在与日俱增。近年来，混沌主要应用于研究交通拥堵，且研究已取得了一些重要成果。另一个与之密切相关、被称为"复杂性"的领域也为交通管控提供了不同的视角。复杂性关注的是那些既复杂又与混沌相关性不甚高的现象。

第11章的主题是未来的汽车，以及在未来汽车上可能出现的一些装置。每当想到未来的汽车，我都会想起1984—1986年播出的电视剧《霹雳游侠》（*Knight Rider*）。担任该剧主角的是男演员戴维·哈塞尔霍夫（David Hasselhoff）和他那辆会说话的汽车"KITT"。KITT是一辆具有未来主义风格外观的庞蒂克"火鸟"Trans-Am跑车①，它性格古怪，配有涡轮增压装置，还能协助破案，匡扶正义。当然，有了这样一辆英雄跑车，自然就会有另一辆"反派"跑车，在剧中名叫"KATT"。这部剧让哈塞尔霍夫和KITT声名大噪，在数年间

---

① 庞蒂克"火鸟"是通用汽车公司旗下的品牌庞蒂克于1967—2002年推出的高马力紧凑型跑车，又称"小马车"，其中Trans-Am是1970—1980年推出的第二代火鸟车中的一款车型。

维持着家喻户晓的明星地位，而且至今他们的粉丝俱乐部仍在运营。在这一章中，我们还会探讨油电混合动力车、燃料电池、飞轮和超级电容器，以及车载远程信息处理系统及相关的全部创新内容。

第2章 一路畅通：驾驶中的基础物理学

不妨想象一下，你刚到本地汽车经销商处逛了一圈。本打算在兰博基尼和保时捷 Turbo 之间二选一，可一旦看到了红色法拉利 Spider 那闪闪发亮的外观和流畅的空气动力学线条，你旋即对它一见钟情。销售人员说，它可以在 4 秒内直接从静止加速至 60 英里/时，而你已经迫不及待想试驾了。在蜿蜒的沿海山路上过弯时，你深深呼吸，细品清新无匹的海边空气。向下面的大海瞥去，可以望见漫卷的海浪拍打着礁石。这辆法拉利 Spider 能满足你的一切幻想，它似乎有用不完的马力。销售人员告诉过你，当发动机转速达到 8500 转/分的时候，其马力可达 400 匹；在 4700 转/分的时候，其最大扭矩可达 380 磅力英尺，但他没解释过这些数字的含义。

物理学家和准备买车的消费者一样，也对加速度、功率和气动阻力有浓厚的兴致。在物理学中，这些量都有精确的技术含义，它们不仅在研究汽车时大有用处，在研究诸如棒球、高尔夫、自行车赛和鸟类飞行等各类运动时亦然。以"速度"这个物理量为例，提到这个概念，你可能以为它指的就是交通工具行进的速率，但对物理学家而言可不止于此。物理学中的"速度"是指有方向的速度。换句话说，就是"沿着66号公路以60英里/时的速度开往芝加哥"的感觉。因为既有大小，又有方向，所以速度被称为矢量，速率则被视为标量（即没有方向）。标量还可以另举一例，就是温度（与速率一样，只有大小）。

踩下油门时，你就改变了汽车的速率——换言之，你加速了。其实，只要改变速率和方向中的一项，你就是在加速。由此，即便你在转弯时保持25英里/时匀速行驶，依然是在加速。这也就是说，当你在城市繁忙的街道上"游车河"时，其中大部分时间都是在加速和减速之间度过的：要么踩油门，要么踩刹车，要么打方向盘。

在确定速度和加速度的过程中，还有一些重要的概念。根据定义，速度是在单位时间内行驶的路程，而加速度则是单位时间内速度的变化。若这段时间间隔很长，那么我们实际上是在计算这段时间内的平均速度与平均加速度。例如，若我回家的路程为10.6英里，用时32分钟，则我的平均速度就是19.9英里/时。然而我们真正需要的是瞬时值。瞬时值是通过将时间间隔缩得非常短而获得的。比如说，你车中的车速表或里程表上显示的速度就是瞬时值。

　　鉴于在接下来的章节内容中我们会频繁提及速度和加速度，仔细地考量一下它们的单位就显得尤为必要了。特别是加速度的单位可能叫人尤为困惑。速度是按照"每小时多少英里"（即 mph 或英里/时）或"每秒多少英尺"（即 ft/sec 或英尺/秒）的单位给出的（在欧洲及加拿大则使用"米每秒"或"千米每小时"）。由于加速度等于（速度的变化量）/时间，那么假设加速度为 15，其单位就是 15（英尺/秒）/秒或更简单地表示为 15 英尺/秒^2。另一个常用的加速度单位用字母"g"或英文"gee"表示。你或许在与火箭或航天相关的场合听到过它，但这个量在汽车赛道上也同等重要。赛车手们总能清楚地感知到他们所承受的"g"的大小。一个"g"等于 32 英尺/秒^2，这大约就是你的轮胎能承受的加速度的上限了。

　　工程师们发现在英里/时和英尺/秒之间进行换算是非常有用的。1 英里等于 5280 英尺，而 1 小时等于 3600 秒，于是每小时 1 英里就等于每 3600 秒 5280 英尺。因此换算系数为 5280/3600 = 22/15，所以如速度为 60 英里/时就等于 60 × 22/15 = 88 英尺/秒。

　　由于加速度 a 是速度 v 的变化量与时间 t 的比值（即速度 v 在时间 t 内的变化），那么我们可以笼统地说，速度 = 加速度 × 时间。可简写为数学式

$$v = at$$

其中：v 为速度，a 为加速度，t 为时间。这个公式非常有用，如果我们知道加速度是多少，以及加速的具体时间，那么就可以得出最终的速度。例如，加速度为 10 英尺 / 秒 ^{2}，那么加速 10 秒后最终的速度应为 100 英尺 / 秒，或者换算成每小时英里数，应为 $15/22 \times 100 = 68$ 英里 / 时。

在加速状态下，我们能走多远？假设加速度为 100 英尺 / 秒 ^{2}，10 秒内可以走多远？为确定这一点，我们先从平均速度入手。用初速度与末速度之和除以 2，即可得到平均速度。但已知初速度为零，所以我们可以得出平均速度 $=(0 + at)/2$ 或 $at/2$。因此，这段时间内的路程为

$$d = vt = \frac{1}{2}at \times t = \frac{1}{2}at^2$$

若加速度为 100 英尺 / 秒 ^{2}，则 10 秒内我们可以行进 $\frac{1}{2} \times 100 \times 10^2 = 5000$ 英尺。

我们可以在给定的加速度下，绘制出不同时间内的行驶路程图。假定有三种不同的加速度，分别为 50 英尺 / 秒 ^{2}、100 英尺 / 秒 ^{2} 和 150 英尺 / 秒 ^{2}，即可得到 3 条抛物线（见图 5）。我们可以看到，在 1 秒之后以 100 英尺 / 秒 ^{2} 加速度行驶的汽车只驶出了 50 英尺，但 4 秒后，车辆就已经驶出 800 英尺了——差异不可谓不大。

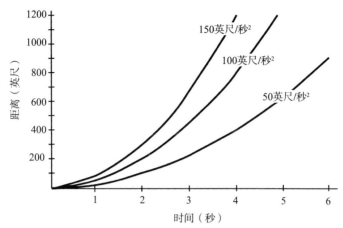

图 5 在单位时间内三种不同加速度下的行驶路程图

从静止到 60 英里／时

衡量一辆车的功率（对于许多人而言，就是"这辆车有
多酷"）的标准之一就是加速的能力——尤其是从静止直接加
速到 60 英里／时的能力。表 1 给出了部分 2002 年款的轿车与
SUV 所需的加速时间。

表 1 2002 年款部分车型从静止到 60 英甲／时所需的加速时间

车辆种类	车型	加速所需时间（秒）
家用轿车	福特福克斯 ZTS	9.6
	道奇层云 ES	8.5
	本田雅阁 EX V-6	7.6
	现代 XG300	8.9

续表

车辆种类	车型	加速所需时间（秒）
跑车	福特雷鸟	7.0
	捷豹 XK8	6.7
	雷克萨斯 SC430	5.9
	保时捷 911 GT2	4.1
	雪佛兰科尔维特 Z06	4.0
	奥迪 A6	6.7
	宝马 540i	6.6
	梅赛德斯－奔驰 E430	6.3
	雪佛兰科迈罗 SS	5.2
	福特 SVT 野马眼镜蛇	5.4
SUV	福特探险者	8.0
	吉姆西特使	8.0
	吉普自由人	10.0
	丰田汉兰达	8.3

愿"原力"与你同在

一辆汽车要想获得加速度，就必须要"推它一把"或是"拉它一把"，我们把这种推或拉称为施加了"力"。当然，这个力是由发动机提供的。如果你看过《星球大战》（*Star Wars*）系列电影，可能会认为这个"力"是种非常神秘的东西①，但对物理学家和工程师而言，它是有准确的定义的。这一定义是三百多年前由英国物理学家艾萨克·牛顿（Isaac Newton）给出的。他提出了三条运动定律，这三条定律现如今构成了我们所知的几乎一切物体运动的基础。为理解第一定律，我们先从一个处于静止的物体（即没有运动的物体）开始。当然，除非我们去推它，或对它施加一个力，否则该物体将保持静止。这种保持静止的趋势被称为惯性。静止的物体想要保持静止不动，这是惯性抵抗运动的另一种说法。牛顿将这一点归纳入他的第一运动定律中，可表述为：

物体会保持静止或匀速直线运动的状态，直到外力迫使其改变这种状态。

这点可信吗？匀速运动的物体会无限期地保持运动状态吗？仔细一想，似乎有违常理，毕竟把脚从油门踏板上移开之后，你的车就会减速，并很快停住。牛顿运动定律似乎是在暗示，如果你以60英里/时的速度行驶，那么你将无限期地以这个速度行驶下去且不需要踩油门，显然没有这回事。但是，很容易就能证明这个问题并不算问题。车会减速甚至停下是因为

---

① 在《星球大战》系列电影中，"原力"是该系列作品的核心概念。原力是一种虚构的、超自然的神秘力量，可以理解为某种神力。

存在摩擦力和空气阻力。如果你能设法摆脱这两者，你的车就会以恒定的速度永远行驶下去——显然你就能省掉很多汽油了。

因此，要改变一个匀速运动的物体的运动状态，就需要一个力，但当我们施加一个特定的力时，能产生多大的加速度呢？这时牛顿第二定律便可解答这个问题：

作用在物体上的力所产生的加速度，与力的大小成正比，与物体的质量成反比。

这句话中可能有些令你略感陌生的术语。先来看看"与……成正比"。意思是如果现有物理量A与物理量B成正比，那么若A增加，B也会随之增加；比如将A加倍，那么B也会加倍。另一方面，"成反比"则意味着若A增加，则1/B（即B的倒数）增加；若将A加倍，则B会减半。另一个新出现的术语是质量（mass）。质量是度量物体惯性的物理量。粗略来讲，它是指物体中物质的总量。常识告诉我们，当一个物体变得更重，它的惯性就会增加，也就意味着它的质量变得更大。由此看来，质量和重量（weight）貌似是一样的，但并非如此，不过它们又确实相关。事实上，重量 = 质量 × 重力加速度。而且由于在地球表面的大部分地方，重力加速度都是大致相同的（9.8米/秒^2，即32英尺/秒^2），我们可以将重量看作是一种度量重力的方式。如果我们在地球表面上空，或是处在另一个不同行星的表面，重力（gravity）会产生改变，我们的重量也会随之改变，然而质量却保持不变。举例来说，在太空中，某位男性宇航员的质量是恒定的，但他的重量却为零。

牛顿第二定律同样可用如下公式表达：

$$F = ma$$

其中：F 为力（合外力），m 代表质量，a 则是加速度。

有了这个公式，我们便可以计算出力作用于任何物体所产生的加速度。

让我们仔细看看"力"这个新概念。当你推一个物体时，你就对它施加了一个力。这一点看似很清楚，但令人吃惊的是，还有另一种力参与其中。牛顿证明了还有一个等大反向的力在向回推你。他在牛顿第三定律中阐明了这一观点：

任何作用力，都有一个与之大小相等、方向相反的反作用力。

牛顿第三定律告诉我们，当一个物体对另一个物体施加一个力时，另一个物体就会对其施加一个等大反向的力。这样的例子我们几乎每天都见得到。当你拿着一根浇花用的软管，水从管中倾泻而出时，你会感觉到握着水管的手获得一个向后的力。火箭的原理也是如此。从火箭后部喷出的气体给了火箭一个向前的推力，该原理还能帮助蝙蝠侠（坐在他的火箭动力蝙蝠车中）冲向下一个犯罪现场。

这里就出现问题了。如果同时存在两个等大反向的力，那物体为什么还能加速呢？答案是这两个力并非作用在同一物体上。假设现在你要发动你的雪佛兰汽车，如果用手去推它，那么你确实向它施加了一个力，但车身对你也施加了一个等大反向的力。那么让雪佛兰汽车最终移动（假设确实移动了）的原因其实是另一个力的存在，即你的鞋底与道路之间的摩擦力。本质上讲，你被这种摩擦力"粘"在了路面上，因此无法移动，而雪佛兰汽车则不然，如果你推得足够使劲儿，最终克服了与发动机、轮胎等相关的摩擦力，车子就移动了。

蓄"动"待发

我们假设你施加在雪佛兰汽车上的力是恒定的，而你持续推了2秒钟，那我们可以很容易确定由此产生的加速度。如果你施加同样的力并持续了3秒或4秒钟呢？加速度显然会变大，而这段时间结束后的速度也会变大。这就是说，力乘以其作用的时间是个重要的概念，我们称之为冲量，用I表示，表达式则是

$$I = Ft$$

但一个给定的冲量并不总产生相同的速度。假设你尽全力去推一辆法拉利并持续3秒钟，然后用同样的力在相同的时间内去推一辆重型货车，那么这两辆车的末速度是不可能相等的。原因很简单：已知 $F = ma$，若我们将其代入上述公式，可得出 $I = mat$，其中速度 $v = at$，于是我们发现

$$I = mv$$

由此可见，冲量取决于车辆的质量。货车的质量更大，于是在行进结束时的速度更小。上述公式中的 mv 被定义为动量。这一点告诉我们，若以冲量 I 作用于某物体，就会带来动量的改变。只需想一想，要使一辆运动的汽车停止需要多少力，就不难理解了。一辆大型的马克卡车（Mack）比一辆小型的大众汽车更难停住，如果它们相撞，大众车肯定不是卡车的对手。因此，质量与速度的结合才是衡量"运动的量"的真正标准。关于这部分内容我们后面还会详谈。

过弯

所有车迷都会对电影《布利特》(*Bullitt*)① 中激动人心的

---

① 《布利特》是由彼得·叶茨执导，于1968年上映的警匪片，讲述了史蒂夫·麦奎因扮演的旧金山警探保护出庭作证的黑帮证人的故事，因其先锋的影像叙事手法和精彩的追逐戏备受追捧。

追车戏记忆犹新。史蒂夫·麦奎因（Steve McQueen）驾驶着他的野马车（Mustang）在旧金山丘陵起伏的街道上滑过弯道，上演令人窒息的飞车戏码。他在直道上的车速不时会超过100英里/时，但在弯道上的车速如何呢？有一件事可以肯定：亲自完成了驾车特技表演的麦奎因当时或许十分亢奋，但他也感到一股相当强大的力量在车内拉拽着他。所有驾驶者在汽车加速时都会感觉一股力：因为他们会被这股力按在座位上，所以即便看不到窗外，也能知道车在加速。而在转动方向盘时，他们会感到另一股力想要将他们甩到弯道的外侧。麦奎因无疑在每次过弯时都感到了这种力。如果他的野马车内有什么东西松动了，就会在这时被甩出车外。这就是向心力。

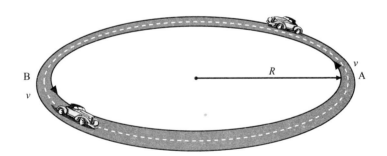

图6　在环形轨道上行驶的汽车。请注意其在A点的速度
与在B点的速度方向相反

牛顿第一定律告诉我们，汽车倾向于持续沿直线行驶。可当你转动方向盘时，汽车就会改变方向，所以除非被安全

带牢牢固定在座位上，否则你的身体将继续朝着原先的方向移动。如果你系上安全带，会感到安全带上有一股力。这股力就是向心力。

　　为了解这个力有多大，现在请想象一辆汽车在半径为 R 的圆形轨道上行驶（见图 6）。假设其沿轨道行驶的速率恒定，称为 v，同时，因方向不断变化，速度也在不断变化。由图 6 可见，它在 A 点的速度为 v，在 B 点的速度大小也为 v，但由于方向相反，因此在 B 点的速度为 $-v$。从 A 点到 B 点的速度变化即为 $v - (-v) = 2v$。由于加速度等于速度的变化量除以时间，我们需要从 A 点走到 B 点所用的时间。已知圆的周长等于 $2\pi R$，所以 A 点到 B 点的距离为圆的周长的一半，即 πR。但速度 = 距离 / 时间，所以时间 = 距离 / 速度。这也就意味着以速度 v 走完距离 πR 所需的时间为 t，$t = \pi R/v$。将此代入我们的加速度表达式，可得

　　$a =$（速度变化量）/ 时间 $= 2v/t = 2v/(\pi R/v) = (2/\pi)v^2/R$

　　然而，需要注意的是，这样求得的是平均加速度。而我们更希望求得瞬时加速度。不考虑细节的话（确实有点太复杂了），可得

$$a = v^2/R$$

与此加速度相关的向心力为

$$F = mv^2/R$$

让我们用这个公式来计算几个不同半径的圆形轨道上

的加速度。速度均以英里/时为单位，加速度以英尺/秒²为单位，于是我们就要用到换算系数（15/22）。那么速度公式则为

$$v = \left[\frac{15}{22} a（英尺/秒^2）R（英尺）\right]^{\frac{1}{2}}$$

此公式给出了半径为R的曲线上不同加速度下的速率，单位为英里/时。当然，该公式也适用于所有的转弯情况，因为弯道也属于曲线的一段。将结果以表格形式呈现是最方便的（详见表2）。请注意，在某些情况下，我会以g为单位表示加速度。正如前文所述，你的车轮胎所能承受的最大加速度约为一个g。

表2有多种使用方式。例如，假设你以20英里/时的速率绕一个半径为100英尺的弯道行驶，则作用在你身上的力约为1/4 g，即你自身体重的四分之一。若你重180磅，则这个力约为45磅。该表格还展示了经过不同半径的弯道所能达到的最大速率。例如，若你此刻驶过的弯道的曲率半径为150英尺，而你不想承受超过1/2 g的力，则你过弯时的速率不应超过35.61英里/时。麦奎因拍电影时应该是承受了超过1/2 g的力，但我敢保证他肯定没有承受过大于1g的力，不然他就不可能把电影拍完了。

表 2　经过不同半径弯道的速率与加速度

a	速率（英里/时）				
（英尺/秒^2）	$R=$ 50英尺	$R=$ 100英尺	$R=$ 150英尺	$R=$ 200英尺	$R=$ 300英尺
4	10.92	14.54	17.80	20.56	25.18
8 $(\frac{1}{4}g)$	14.54	20.56	25.18	29.08	35.61
12	17.80	25.18	30.84	35.61	43.62
16 $(\frac{1}{2}g)$	20.56	29.08	35.61	41.12	50.36
24	25.18	35.61	43.62	50.36	61.68
32 $(1g)$	29.08	41.12	50.36	58.16	71.23

注：a 为加速度；R 为半径。

扭矩

扭矩是一个与高性能汽车如影随形的词。就如广告语所说："保时捷 911 Turbo 可在 2700~4600 转/分时输出 413 磅力英尺的扭矩。法拉利 360 摩德纳（Ferrari 360 Modena）在 4750 转/分时扭矩为 275 磅力英尺。"

如前文所述，力会使物体做直线运动；另一方面，扭矩则会令物体做旋转运动。举例来说，使用扭矩扳手可以让螺钉绕圈运动，当你试图拧开水果罐头的盖子时，你就施加了一个扭矩。

扭矩的大小不仅取决于作用力，还取决于物体的质心与作用力的施力点之间的距离。质心，有时也称重心，是物体内部的一个点，可以认为物体的全部质量均集中于这一点上。

有了这些知识，我们便可以通过数学方法为扭矩下定义。假设以 τ 表示扭矩，则扭矩的表达式可以写为

$$\tau = Fd$$

如图 7 所示，F 为施加的作用力，d 为质心到力的作用线的垂直距离。更笼统地说，d 也可以是物体到固定点的距离。可以从公式中看出，与作用力施力点的距离越远，扭矩越大。这也就是为什么要把门的把手设计得离门铰链尽可能远，这样我们就可以最大限度增加门上的扭矩，使门更容易打开。

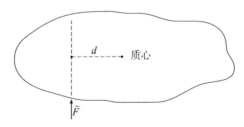

图 7　扭矩是作用力与物体到固定点垂直距离的乘积。
在此我们假设该固定点即为物体的质心

在实际操作时，并不需要把物体的某部分固定在原地才能施加扭矩。例如，在两辆车发生碰撞时，如果其中一辆撞击了另一辆车靠近车头的部分，那么被撞车辆会同时出现

（沿直线）平移和旋转。这意味着既施加了扭矩，也施加了作用力。如果是在某人高速闯红灯时发生碰撞，那么撞击时的扭矩可能就会非常大。

能量

不妨设想一下你正开着新买的科尔维特（Corvette）[①]跑车去上班。停好车后，乘电梯去往办公室。你先是打了一个小时的工作电话，然后通读并签署了几份合同。你花了一些时间来思考如何再拟一份更有赚头的新合同。到了中午，你已经筋疲力尽了，并暗自称赞自己：工作真努力啊。如果从物理学家的视角对你的工作做出评价，你可能会大失所望。因为在物理学家看来，你这一上午什么工（功）也没做。

与"做工"音同字不同的"做功"（work）[②]，确实是物理学中一个非常重要的概念。其定义为：功 = 力 × 距离，或用数学式表达如下：

$$W = Fd$$

其中：F 为力；d 为施加力的距离。请注意，这个定义与扭矩的定义不同，因为这里的距离并非垂直距离。仔细看这

---

① 雪佛兰科尔维特是美国通用集团旗下的旗舰跑车之一。诞生于 1953 年的科尔维特被视为美国跑车的代表车型，出现在许多类型的美国文艺作品中。

② 在英语中"做工"与"做功"都用"do work"来表达。

个公式，我们会发现此处物理学似乎与常识发生了冲突。举例来说，若你从车后备箱里搬出了一箱工具，这就意味着你确实克服重力做了功，但如果将同样的箱子水平移动同样的距离，你就完全没有做功；反过来，如果你在地面上把箱子推过去，你就克服摩擦力做了功。这并不符合我们通常对于功的理解，因而处理该类问题需要格外小心。

与功密切相关的是功率，当我们谈论车时，功率，或者更确切地说，马力是个绕不开的话题。凯迪拉克帝威（Cadillac DeVille）在发动机转速为6400转/分时的马力是398匹；奔驰C320（Mercedes-Benz C320）在5700转/分时的马力可达215匹。这些数字到底意味着什么？咱们先从功率讲起：功率被定义为做功的速率，换句话说就是在单位时间内做了多少功。用数学符号表示为$P = W/t$，此处P为功率，W为功。由此可得出：$P = Fd/t = Fv$。功的单位为力（磅）× 距离（英尺），或磅力英尺，所以功率的单位即为磅力英尺/秒。

那么"马力"里的"马"从何而来呢？这要追溯到1783年，苏格兰工程师詹姆斯·瓦特（James Watt）决定看看一匹马的力量有多大。经过实验，他确定一批强壮的马可在1秒内将约150磅的重物举起4英尺高。于是他将马力定义为每秒550磅力英尺。

你可能在家里的电费单上见过功率的另一个单位，那就是瓦特或千瓦。这是一个公制单位，以詹姆斯·瓦特命名。1

马力约等于746瓦。要证明这点倒是不难，只要你家后院里有匹马，你就可以用它点亮家里大约12个电灯泡。

功与物理学中另一个被称为能量的概念密切相关。如果你对一个物体做了一定量的功，它就能动起来。运动中的物体具有的能量，通常被称为动能。我们可通过如下方式求得动能：

$$W = Fd = mad = ma \left(\frac{1}{2}at^2\right) = \frac{1}{2}m(at)^2 = \frac{1}{2}mv^2$$

因此，质量为 m 的物体以速度 v 移动时，其动能为 $\frac{1}{2}mv^2$。运动中的汽车具有动能，若已知其质量与速度，便可计算出动能。动能的单位与功的单位相同。

能量守恒

动能只是能量的众多形式之一。考虑另一种形式，不妨想象一个被向上抛到空中的球。第一次被抛起时，球具备一定的动能，但随着它对抗重力向上升，球速逐渐减慢，动能也逐渐减少。最终，当动能耗尽，球就停在空中了。能量消失了吗？并没有，现在球具有的是另一种形式的能量——关于位置的能量。实际上，运动的动能已经被转化成了位置的能量，我们称这种能量为势能。随着球开始向地面回落，它又获得了动能。最终，在它撞击到地球表面时（或将将要撞

到时)，它只有动能，这时全部的势能被耗尽。我们用如下式子来定义势能

$$P = mgh$$

其中：h 是球距离地球表面的高度。

这意味着能量可以在不同类型之间来回转化，而且在转化过程中没有能量损失。当一辆汽车飞下悬崖时，其大部分能量都是势能（假设车速不是太高）；在即将撞击地面的那一瞬，所有的势能都转化成了动能。这似乎意味着总体而言能量是不能被毁灭的，事实上这正是物理学中一个重要定律的本质，该定律被称为能量守恒定律。这一定律告诉我们，

能量既不能被消灭，也不能被创造，它只能在形式上发生改变。

通过上述例子，我们可以看到能量从动能转化为势能的过程，但在汽车撞击地面时，能量发生了怎样的变化？乍一看，能量似乎消失了。然而，如前文所述，能量的形式多种多样。若你细细查看被车撞击过的地面，就会看到地面上有凹陷。有一部分能量正是在撞凹地面和撞碎汽车的过程中消耗了，这部分能量就是变形能。此外，如果你测量被汽车撞过的土壤的温度，就会发现它的温度比先前升高了少许。由此可见，部分能量已经转化成为热能。

实际上，能量还有其他几种不同的形式。电能无疑是大家都熟悉的，而与汽车相关的一种重要的能量是化学能。化学能是指在化学反应中释放的能量，如汽油燃烧等。还有一种形式就是声能，比如电能可以通过麦克风转换为声能。光又是另一种形式的能量。

物理学的"力量"

物理学确实可以告诉我们许多关于汽车对力的反应，它还能告诉我们功率、能量和动量对汽车也很重要。下面举个稍微复杂点的例子，让我们思考一下汽车的重量分布在加速和减速时分别有何变化。我们知道，当汽车不移动时，其重量大致是均匀分布的。换句话说，就是一半重量在车的前轴，另一半重量在后轴。对于一辆3000磅重的车来说，前轴承载1500磅，后轴承载1500磅，尽管依据车型的不同，实际结果会稍有区别。

对赛车手而言，汽车加速或减速时的重量转移非常重要。优秀的车手总能在脑中迅速估算出车辆的重量如何转移。要是没有这些知识，就很容易发生过度转向或转向不足的状况。

由于我们不像多数优秀车手那样善于估算，所以就需要进行详细计算。这一计算牵涉的数学知识可能会比平常略多些，但我会尽量简化过程。让我们先来看一辆正在刹车的车辆的受力情况。如图8所示，一辆车上同时作用着几个力。车辆的重量W从其质心开始向下作用，它被向上作用在轮胎上的两个力抵消了。我们将这两个力称为F_1和F_2，并假设它们相等。若汽车静止不动，则F_1和F_2之和等于车的重量W。f_1与f_2为轮胎上的摩擦力。

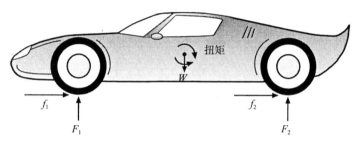

图8　汽车的受力分析。W为重量，F_1与F_2为轮胎上向上的力，
　　　　而f_1与f_2为摩擦力

现在，假设我们在汽车行驶时踩下刹车，会发生什么？这会导致F_1增加，F_2减小。换句话说，车辆的前端会变得"更重"，后端则会变得"更轻"。其原因是摩擦力f_1和f_2使得汽车在地面上减速，惯性使汽车保持向前行驶并作用于汽车的重心上，由于重心距离地面的高度有几英尺，就产生了一个令汽车向前翻倒的扭矩。

如果车没有翻，说明该扭矩（也就是图8中逆时针方向的那个）与一个顺时针方向的扭矩达成了平衡。若知道汽车的重量W、轴距R以及质心的高度h，我们可求出这些扭矩。令此二扭矩相等，并利用$F_1 + F_2 = W$，可得出

$$W_d = Fh/R$$

此处的符号发生了一些变化：W_d 为被转移的重量，F 为施加在车辆上的力，由 $F = ma$ 给出。举个例子，假设车辆重 3000 磅，$R = 100$ 英寸，$h = 24$ 英寸，且加速度为 32 英尺 / 秒 ^{2}。可以得出

$$W_d = (3000/32) \times 32 \times (24/100) = 720 \text{ 磅}$$

于是可知，有 720 磅的重量被转移了。原本车辆的前后轴各承重 1500 磅，现在变为前轴 2220 磅，后轴 780 磅。

车头端重量增加了这么多，转弯时就会出问题。事实上，我们一旦试图掉头，就可能出现过度转向。赛车手们在踩刹车时都明白这一点，但大部分普通人对此并不知情。正如我们所见，加速时重量会转移到车尾，出现转向不足的倾向。我们在转弯时也会发生类似的重量转移，车往一个方向转弯，重量就会向反方向转移。

通过计算不难看出，重心越低，重量转移越少。这也就是为什么重心较低的车辆在处理制动和转向时操控感更好。控制重量转移对于避免车辆打滑（超出轮胎抓地力极限），以及预防翻车或侧翻来说尤为重要。

以上表明，物理学在预判车辆运动方面非常有用——事实上——简直不可或缺。

第3章　全速前进：内燃机

"嗡——！！！嗡嗡——！！！"你多次发动引擎，就为了感受其动力之猛。这种声音棒极了，这种感觉——知道自己的车动力惊人——也棒极了。但情况并非一直如此。最早的汽车发动机，马力不过一两匹。

1860年，法国人让·约瑟夫·勒努瓦（Jean Joseph Lenoir）造出了第一台使用照明气体作为燃料的非压缩式发动机。其工作效率很低（约为5%），并需要大量冷却，因此销量相当惨淡。但它之所以重要另有原因。1863年，勒努瓦把他的发动机装到了一辆小"马车"上，绕着巴黎短途跑了一圈。你很难把这辆车称为汽车（真正的汽车要再等上二十年才会出现），但这确实是第一辆"不需要马拉的马车"。

所有早期的发动机都是二冲程非压缩式发动机。换言之，就是由发动机旋转一周、活塞运动两次来完成一个工作循环的发动机。今天主要使用的四冲程压缩式发动机，是由德国工程师尼古拉斯·奥托（Nikolaus Otto）发明的。这种发动机每转两周由四个冲程或四次活塞运动来完成。

奥托原本是一名推销员，但某天在报纸上读到了一篇关于勒努瓦发动机的文章后，奥托便对发动机的发展潜力产生了浓厚兴趣。很快他就把所有业余时间都用在了研究发动机上。他几乎立马就意识到勒努瓦发动机存在缺陷，并决心对其进行改进。他进行了压缩燃料方面的实验，可首次实验被吓得不轻，导致这个想法被搁置了数年之久。

奥托满腔热忱，但缺乏资金。不过1864年，命运女神向他致以微笑。尤金·兰根（Eugen Langen），一位成功的商人，前来看他的发动机，一看之下并着了迷，在很短时间内筹集足够资金，组建了一家公司。1864年3月31日，首家内燃机制造公司诞生。然而，他们花了整整三年时间才解决了所有的问题。

1867年，他们带着自豪与喜悦参加了巴黎博览会。全场最佳的发动机将会获得一枚金质奖章。大部分评委并不把奥托的参赛作品当回事，但当他们开始探究各种发动机的效率时，很快就发现奥托的发动机优势十分明显。它只需一半的燃料，却能产生更大的动力，评委们遂授之以金奖。

1872年，兰根与奥托将工厂迁至科隆郊区的道依茨（Deutz）。兰根聘请了颇具资历的工程师戈特利布·戴姆勒（Gottlieb Daimler）担任生产经理。在接下来的几年内，他们为改进发动机努力工作。然而他们似乎遇到了个难题：不论在二冲程式发动机上进行何种改进，都无法令其功率超过3个马力。

这时奥托想起了他早年的压缩式发动机实验，并马上决定必须对燃料–空气混合物进行压缩。他还开始着手进行四冲程循环发动机的实验，这种发动机的工作循环由进气、压缩、点火、膨胀和排气构成，而非原来的两个冲程。尤为重要的是，这一切都是发生在同一气缸内曲轴转两周的过程中。由于这种创新与当时的潮流相悖，兰根与戴姆勒都认为奥托在浪费时间，他们确信这种"疯狂"的想法不可能奏效。但是，当奥托在1872年底向他们演示样机模型时，他们被深深打动了。

很快就能看出，新的四冲程发动机比起旧的二冲程来说，显然有诸多优势：3匹马力的限制被迅速攻克了，而且在接下来的几年间取得了更大的进步，销量也显著增加。

尽管关于在"无马马车"上使用新型发动机一事引发了诸多讨论，但这种车辆还要再等上几年才会出现。不过戴姆勒却对这个想法非常感兴趣。1882年，在一次分歧之后，戴姆勒离开道依茨工厂，组建了自己的公司。他还带走了最优秀的工程师之一：威廉·迈巴赫（Wilhelm Maybach）。现在仍被用作燃料的汽油，戴姆勒当时就确信是他设想中的新型无马马车的最理想燃料之选。他开始着手设计底盘，而迈巴赫则致力于完善发动机。直到1886年，他们的首辆汽车终于诞生。同年9月，戴姆勒在他的住所附近进行了试驾。这辆车拥有功率为1.1马力的水冷发动机，转速为650转/分。

大约同一时间，卡尔·本兹（Karl Benz）[①]也在研究类似的车型。他的第一辆三轮车于1888年面向公众推出，但反响不佳。然而，本兹于1893年推出了一款四轮车型，该车配备的发动机马力要大得多，到1899年已经售出2000辆。戴姆勒和本兹现在被认为是最早的汽车生产商与销售商。

不多久，这个创意就在美国火了起来。率先行动的是查尔斯·杜里埃（Charles Duryea）和弗雷德·杜里埃（Fred Duryea）两兄弟。他们在1892年制造出首辆"杜里埃"牌汽车，并且到1896年已经生产并销售了13辆。然而，面对这种噪声大且有些不太安全的内燃机，美国市场显然还没准备好。虽然它在1900年纽约的首届美国车展上亮了相，但更受瞩目的还是更安静也更可靠的电动汽车。内燃机震耳欲聋的回火声与锵锵响动吓坏了在场的大部分人。不过，到1903年的第三届车展时，经过重大改进的内燃机就站到了舞台中心。

此时，一位将在未来数十年内主宰整个汽车界的人正悄悄地研究他的第一款车型。1896年，亨利·福特（Henry Ford）生产出了他的"四轮车"，此车因其轮胎细窄、状如自行车胎而得名。

之后不久，福特开办了一家汽车公司，但未能持续多

---

① 奔驰汽车公司创始人，现代汽车工业先驱者之一，被称为"汽车之父"。

久。不过由于幸运的眷顾，很快他便东山再起。在他所生产的车辆中，有一款赛车参加了于1901年10月在底特律郊外举办的一场比赛。当时克利夫兰的汽车制造商亚历山大·温顿（Alexander Winton）是夺冠大热门，福特则无人看好。可温顿的车却在比赛中遭遇困难，最终由福特摘得桂冠。他的新公司借此迅速获得了数家赞助商的青睐。

不出几年时间，他便生产出了著名的T型车（Model T），接下来就是众所周知的历史，不必赘述。到1908年，福特公司售出的T型车已达10,000辆。

车为何跑？四冲程内燃机

在深入了解四冲程发动机的运转细节之前，我们先来看一下发动机的主要部件。在图9中，我们可以看到机头、缸体以及曲轴箱。机头包含了开关阀门的装置，使燃料-空气混合物进入，并让废气排出。发动机中部是包含了气缸的缸体，气缸内部是活塞，气缸的顶部是用来点燃燃料-空气混合物的火花塞。活塞紧贴于气缸内部，可轻易地上下移动（图10）。活塞外侧是帮助密封内部区域的密封圈。连接活塞与曲轴的是连杆。气缸中另外两个重要的开口是进气门与排气门。最后，位于缸体下方的是曲轴箱。曲轴箱内是曲轴与油底壳。

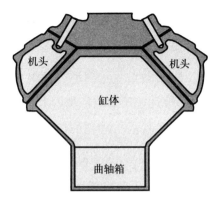

图 9　发动机横截面图，包含机头、缸体和曲轴箱

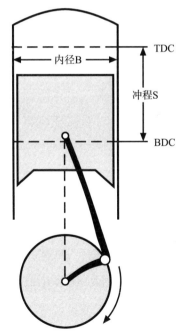

图 10　在气缸中上下运动的活塞示意图
TDC 为上止点（T_C）；BDC 为下止点（B_C）

几乎在所有的发动机使用说明书中，都能看到缸径和冲程的身影。二者都是决定发动机功率的重要运行参数。缸径就是气缸的内径（B），而冲程是指活塞从上到下的移动距离（S）。这两个概念均在图10中有所体现。下表中列出了一些具有代表性的数值，其中缸径与冲程的单位为英寸与毫米（表中所有车型均为2002年款）。

车型	缸径（英寸/毫米）	冲程（英寸/毫米）
雪佛兰科尔维特Z06	3.90/99	3.62/92
奥迪A6	3.32/84	3.66/93
宝马540i	3.62/92	3.26/83
雷克萨斯GS 430	3.58/91	3.25/83
福特福克斯ZTS	3.39/85	3.52/88
捷豹ZK8	3.39/86	3.39/86
梅赛德斯－奔驰CLK 430	3.54/90	3.31/84

气缸有几种不同的排列方式。例如，图9中呈现的是V形排列，这种类型中最流行的要数八缸的V8发动机；另一种常见的排列方式是直列式，即所有气缸都在一条直线上。其他已经在用的排列方式还包括气缸彼此相对的"水平对置"型，以及气缸排列成W形并径向安装的"W"型。径向安装常见于航空领域的发动机，我们将主要探讨直列式与V8这两种型号，因为它们在汽车中最为常见。

回到四冲程发动机，我们可以从图10中看到，活塞从其上方体积最小处移动至体积最大处。上方的位置称为上止点，而底部位置则称为下止点。我们将此两点称为T_C与B_C。

在第一个冲程即进气冲程中，活塞从T_C向B_C运动，此时排气门关闭。由于空气无法通过密封圈，因此在气缸的上方形成一个真空区域。当进气门打开时，燃料-空气混合物冲入，填补了真空；当活塞到达B_C时，进气门关闭，活塞向上移动，对活塞顶部到气缸顶端的空间内的燃料-空气混合物进行压缩。该压缩过程提升了混合物的压力与温度。在冲程即将结束时，火花塞点火，点燃燃料-空气混合物。由此产生的爆炸形成了相当大的压力，迫使活塞回落，从而形成所谓的做功冲程。在这一冲程中，动力由活塞传递至曲轴，曲轴再通过变速器、传动轴等部件将动力传递至车轮（见图11）。

在做功冲程即将结束时，排气门打开，大部分废气被排出。然而，在大气压力下，依然有部分废气残留。这些废气会在第四个冲程即排气冲程中被吹出。此时，活塞回到T_C，下一个循环开始。

当然，所有汽车都同时装配有几个气缸（通常为六到八个），而这些气缸不会同时点火起动。当一个气缸进行第一冲程时，另一个气缸将进行第二冲程，以此类推。这个确切的排序被称为点火次序。

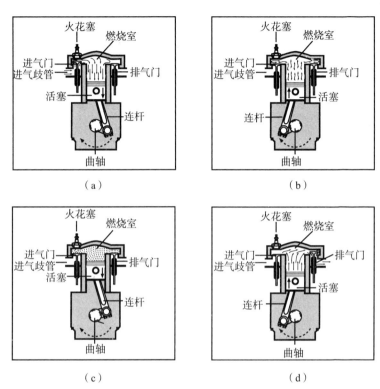

图 11　四冲程内燃机工作示意图
（a）进气冲程；（b）压缩冲程；（c）做功冲程；（d）排气冲程

尽管这里不会详细展开，但还是让我们简要谈谈二冲程发动机。二冲程常用于割草机、电锯以及小型船只等需要小型发动机的场合。二冲程发动机与四冲程发动机最主要的区别是它没有可移动的阀门，而且每次活塞碰到气缸顶部时火花塞都会点火。当活塞处于底部时，进气口被打开，使燃料–空气混合物从曲轴箱流入气缸。这些混合物已在曲轴箱中经过不完全加压，随着活塞上升，压缩进一步发生。当活塞到达顶部时，燃料－空气混合物被火花塞点燃。在气缸内发生压缩的同时，曲轴箱内形成真空，新的燃料被吸入。被点燃的燃料产生了做功冲程，迫使活塞向下移动。随后循环往复。

高效与否？

当你在报摊上拿起一本汽车杂志，首先注意到的肯定是一页接着一页的新车型介绍。前文我们已经讨论过缸径和冲程，但这些介绍文案中还会包括排量、压缩比、马力和扭矩等，接下来咱们就来看看这些概念。

首先讲讲活塞的速度。活塞在气缸中来回移动的速度约为15~50英尺/秒不等。为什么会有最高50英尺/秒的速度限制？这是有原因的。在达到该速度时，活塞和连杆都会产生相当大的张力。如果试图迫使其以更高的速度运转，有些地方可能会出故障，那麻烦可就大了。如果你曾遭遇过"连杆折断"的故障，一定明白我的意思。多年前，我们一行人开着田径队队员的旧车去参加田径比赛。从一开始我就觉得发动机的声音不太妙，但什么也没对司机说。可到了晚上，那噪声越来越大，我开始担心了。我们离最近的镇子也有几英里远，路上几乎没有什么车。突然间，我听到从发动机处传来一声巨响，混杂着金属碰撞的铿锵声。可以肯定的是我那时双脚离地，因为怕有什么东西突然从地上飞过来。很快我们发现有一根发动机连杆断了，鉴于身处荒郊野岭，最后我们不得已在车里睡了一宿。

活塞速度受限的另一个原因是从进气门带入的燃料–空气混合物只能移动这么快。想要增速，进气门的尺寸就得增大，而现有的这些阀门已经达到最大尺寸了。

在上述的活塞速度下，曲轴转速为500~5000转/分不等，典型的巡航速度约为2000转/分。大型发动机通常在每分钟几百转的范围内运转，而如模型飞机中使用的小型发动机，其转速则可达到10,000转/分或更高。

随着活塞在T_C和B_C之间移动，会排出一定体积的气体。这部分体积被称为发动机的排量。总排量通常会被写入发动机型号，代表着所有气缸工作容积的总和。排量是发动机尺寸的一个良好指标，通常用升、毫升或立方英寸表示，1升 = 1000毫升 = 61立方英寸。现代汽车的典型排量为2~5升（即2000~5000毫升）。卡车的排量常远超5升。下表给出了几种不同发动机的排量。

车型	排量（毫升/英寸^3）
雪佛兰科迈罗SS	346.9/5665
福特SVT野马眼镜蛇	280.8/4601
奥迪A6	254.6/4172

车型	排量（毫升/英寸^3）
宝马 540i	267.9/4391
雷克萨斯 GS 430	261.9/4293
道奇层云 ES	166.9/2736
本田雅阁 EX	183/3000
雪佛兰 2500 HD 2WD（卡车）	495.8/8127

压缩比也是汽车的一个重要参数。它用于衡量施加于燃烧室中混合气体的压力大小。从数值上看，它是活塞处在 T_C 和 B_C 时燃烧室体积的比值。历年以来，汽车的压缩比有了显著提高。早期汽车（1920—1940）的压缩比在 4 到 5 之间，而如今高达 10 的压缩比已经很常见了。现代汽车压缩比大约处在 8~11 的范围。下表中列出了几款车型的压缩比。

车型	压缩比
雪佛兰科尔维特 Z06	10.5：1
奥迪 A6	11.0：1
宝马 540i	10.0：1
雷克萨斯 GS 430	10.5：1
梅赛德斯－奔驰 E 430	10.0：1
雪佛兰科迈罗 SS	10.1：1
福特 SVT 野马眼镜蛇	9.9：1

如果你有过在高海拔地区开车的经验，就知道气压会影响发动机的输出功率。低气压会对人产生影响（让人们在高

海拔地区觉得头晕眼花），那自然也会影响车。几年前，我去夏威夷岛[①]休假，并多次参观了冒纳凯阿火山（Mauna Kea）山顶的天文台。那里的海拔为13,796英尺（事实上，从其位于海底的底部开始算，海拔高度有33,476英尺了，比珠穆朗玛峰还要高）。乘车去往山顶的旅途总归饶有趣味。早在接近山顶之前，车就挂在低速挡上了，这种时候似乎走着都比开车快。现代燃料点火系统确实可以测出空气与燃料的密度，但却无法恢复因气缸内氧分子密度低而损耗的马力。所以无论何时开车去到高海拔地区，都应该预见到功率损耗是必然的。

当然，发动机的主要功能就是做功。在稍后的章节中会看到，确定功最简单的方法就是绘制压力与体积的关系图。要了解其中原理，我们先来看看功的定义：

$$功 = 力 \times 距离$$

我们可以把这个公式的右边改写成 [（力）/（面积）] × 体积，这就等于压强 × 体积，或者简写为 PV。PV图也被称为示功图。将示波器与发动机进行连接，就可以很容易得到PV图。

在实际应用中，传递给曲轴的功通常会远小于PV值，因此我们为区别两者，将PV称为指示功 W_i，并将实际传递到曲

---

① 夏威夷岛又称"大岛"，是夏威夷群岛中最大的岛屿。

轴箱的功称为制动功 W_b。二者的比率被称为引擎的机械效率 E_m：

$$E_m = W_b / W_i$$

现代汽车开足马力时的机械效率普遍在 75%~95%。机械效率会随着发动机转速的降低而降低。

要对发动机进行比较，有一个有效的参数叫作平均有效压力（mean effective pressure，MEP）。气缸内的压力在整个气缸中是不断变化的，但我们可以取平均值。这个参数之所以有用，是因为它与发动机大小无关。其定义为

$$MEP = （一个循环的功）/（排量）= W/V_d$$

同样，由于摩擦损耗等原因，平均有效压力也有指示 MEP 和制动 MEP 两种形式。

毫无疑问，你已经很熟悉扭矩和功率这两个术语了。这是衡量发动机优势时常用到的两个重要术语。在上一章中我们已经看到，扭矩是力与力臂的乘积。因为给出了发动机扭转或转动功率的大小，所以扭矩被视为衡量发动机做功能力的一个极佳指标。表示扭矩的单位为牛·米（N·m）或磅力英尺（lb-ft），其中 1 牛·米 = 0.738 磅力英尺。若给出的数字没有单位，那么通常默认为磅力英尺。扭矩随发动机转速而变化，因而在给出扭矩时，必须指定发动机的转速（见图 12）。通常情况下，发动机转速在 3500~6000 转/分时，扭矩在 150~400 磅力英尺的范围内，也有少数例外。表 3 列出了不

同类型汽车的扭矩。

由于扭矩随发动机转速而变化，大部分制造商都会让变化曲线尽可能保持平稳，在转速范围内提供更加均匀的扭矩。扭矩达到最大值的转速被称为最大制动扭矩转速。

功率是发动机做功的速率。与扭矩一样，功率也取决于发动机转速，因此发动机转速必须指定。最常见的功率单位是马力，也使用千瓦。汽车的功率范围在50~350匹之间（高性能跑车除外），卡车与大型SUV通常功率更高。表4中给出了部分例子。

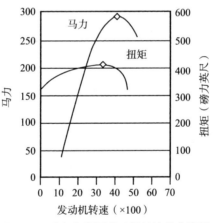

图12　马力与扭矩同发动机转速的曲线图

表3　2002年款不同车辆扭矩对照表

车辆类型	车型	扭矩（磅力英尺）@转速
跑车与豪华型轿车	克莱斯勒火线	270 @ 4000转/分
	宝马Z	214 @ 3500转/分

续表

车辆类型	车型	扭矩（磅力英尺）@转速
跑车与豪华型轿车	福特雷鸟	267 @ 4300 转 / 分
	兰博基尼蝙蝠	479 @ 5400 转 / 分
	凯迪拉克攀登者 EXT	380 @ 4000 转 / 分
	雪佛兰科尔维特 Z06	385 @ 4800 转 / 分
家用轿车	福特福克斯 ZTS	135 @ 4500 转 / 分
	道奇层云	192 @ 4300 转 / 分
	本田雅阁 EX	195 @ 4700 转 / 分
	现代 XG 300	178 @ 4000 转 / 分
SUV	吉普自由人	235 @ 4000 转 / 分
	吉姆西特使	275 @ 3500 转 / 分
	福特探险家	255 @ 4000 转 / 分
卡车	雪佛兰西维拉多	520 @ 1800 转 / 分
	雪佛兰太浩 Z75	325 @ 4000 转 / 分

对于像道奇"蝰蛇"（Dodge Viper）这样的跑车来说，它本身拥有的 500 马力远不能满足实际需要，身在休斯敦的机修大师约翰·亨尼西（John Hennessey）一直尝试将部分"蝰蛇"跑车的功率提升到 800 马力以上。其实他已经将其中一款车型提升到了 830 马力。考虑到要以 60 英里 / 时的速度驱动车辆需要约 50 马力，无论依据哪种标准，850 匹都是非常大的功率了。亨尼西为实现这一目标，动用了两台工业规模的涡轮增压器。涡轮增压器的问题，我们稍后再详细讨论。

布加迪（Bugatti）EB16 不落下风，其十六缸涡轮增压发动机原定于2003年亮相[1]，预计马力为987匹，3秒内可以从静止加速至60英里/时！这一切到哪是个头呢？

表4　2002年款不同车辆马力对照表

车辆类型	车型	马力@转速
跑车与豪华型轿车	奥迪A6 4.2	300 @ 6200转/分
	宝马540i	282 @ 5400转/分
	雪佛兰科迈罗SS	325 @ 5200转/分
	福特SVT野马眼镜蛇	320 @ 6000转/分
	捷豹X型	231 @ 6800转/分
	兰博基尼蝙蝠	571 @ 7500转/分
	道奇蝰蛇RT 10*	500 @ 5900转/分
	克莱斯勒赛百灵	200 @ 5900转/分
家用轿车	日产尖兵	122 @ 6000转/分
	克莱斯勒PT漫步者	155 @ 5500转/分
	丰田凯美瑞索拉拉	198 @ 5200转/分
SUV	吉普自由人	210 @ 5200转/分

*为2003年款车型

　　马力就谈到这里吧。下面让我们来聊聊发动机效率。所有的车手，尤其是赛车手，都关注发动机的效率，即便有人不关注，那也是应该关注的。事实证明，我们需要关注几种不同的效率，先从燃烧效率谈起。你或许以为进入燃烧室的每滴汽油都被燃烧充分了，可事实并非如此，有一小部分随着废气被排出。若发动机运行正常，则这部分比例约为2%~5%。在这

———————

[1]　本书英文版于2003年出版，布加迪EB16量产版最终于2005年向公众发布。——编者注

种情况下，我们就可以说燃烧效率 E_c 为 0.95～0.98。

其次是热效率 E_t。即便所有汽油都充分燃烧，也不是所有的能量都可以转化为转动能。1 磅汽油中的化学能为 19,000～20,000 英制热量单位（BTU）。其中，通常只有三分之一马力是可用的，这个比率就称为热效率，它是由燃烧室设计、压缩比和点火时间等变量决定的。一辆普通汽车的 E_t 可能为 0.25，而赛车发动机的 E_t 通常为 0.35。同样地，热效率也有指示热效率 $(E_t)_b$ 与制动热效率 $(E_t)_i$ 之分。指示热效率 $(E_t)_b$ 大致在 0.5 到 0.6 之间。

如前文所见，机械效率可以依据功来定义。同样，它也可以用指示热效率与制动热效率来定义：

$$E_m = (E_t)_b / (E_t)_i$$

从物理学角度来讲，机械效率是衡量克服发动机摩擦及运行水泵和油泵等发动机附件所需功率的指标。如果用功率计来测量发动机功率，测出的结果与气缸中可用功率之间的比率就是机械效率。

发动机爱好者们尤为感兴趣的就是容积效率 E_v。假设有一台发动机，当活塞位于气缸底部（B_c 处）时，气缸容积为 120 立方英寸。假设活塞在其冲程中处于该位置时，气缸将吸入 120 立方英寸的燃料－空气混合物，但实际并非如此。由于管中存在真空等一些原因，充满这个空间的燃料－空气混合物实际不足 120 立方英寸。实际充满燃烧室的燃料－空气混合物的量与在大气压下充满燃烧室的空气量之间的比率就是容积效率。如果里面的燃料-空气混合物有120立方英寸，则其容积效率为100%。大部分引擎的E_v都在80%~100%。我们通常界定的E_v是在节气门大开状态下的E_v，如果节气门只有部门打开，E_v则会下降。值得注意的是，容积效率同样取决于发动机转速（见图13）。

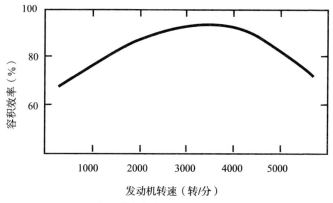

图13　容积效率与发动机转速的关系曲线图

增压器与涡轮增压器

我们看到道奇"蝰蛇"可以通过使用涡轮增压将功率从500匹增至800匹以上，功率达到987匹的布加迪同样使用了涡轮增压。什么是涡轮增压？增压和涡轮增压背后的理念都是提高容积效率。正如上一节所述，若能使进入燃烧室的燃料-空气混合物增多，便可提升容积效率。方法之一就是使用安装在进气系统上的压缩机进行加压。加压完成后，每个冲程中有更多空气与燃料进入气缸，则 E_v 得到提升。实际上，发动机总功率也会跟着提高。

增压器是一种由发动机直接驱动的压缩机，通常通过曲轴上的皮带轮来驱动。由于会给发动机输出带来负荷，因此并不可取。然而，增压器相较涡轮增压器还有一点优势，它们对节气门的变化响应迅速。增压器的劣势之一是它们在为进入的空气增压时，空气的温度会随之上升。这点很不可取，因为可能导致提前点火和爆震。为避免这类问题，大部分增压器都配备了用来冷却压缩空气的后冷却器。

涡轮增压器解决了增压器的一个大问题。它们不是由发动机驱动的，因此不会给发动机带来负荷。在这种情况下，压缩过程是由安装在发动机排气系统上的涡轮完成的。高温的废气照常顺着排气歧管离开发动机，但在涡轮增压器中它们不是被直接排出，而是会通过安装在排气系统中的涡轮或者风扇。当有气体通过，该涡轮或风扇便会启动，它们连接着压缩机。

尽管涡轮增压器不在发动机上工作，但它们确实会导致废气流动更加受限，进而导致气缸排气口的压力升高，使得功率略有下降。

相较于增压器，涡轮增压器的缺点是所谓的涡轮迟滞——这是一种在节气门突然发生改变时的滞后现象。与增压器一样，涡轮增压器也必须配备后冷却器。

保时捷因其涡轮增压车型而驰名。涡轮增压型保时捷911（Porsche 911 Turbo）最高时速可达189英里/时，新款保时捷911 GT2时速更可高达196英里/时。GT2从静止加速到60英里/时用时仅需4.1秒。丰田的凯美瑞索拉拉（Camry Solara）则是增压车的典型。劳斯野马Stage 3（Rousch Stage 3 Mustang）与克莱斯勒火线（Chrysler Crossfire）都是增压设计。涡轮增压对于柴油发动机来说格外高效，可以在降低油耗的同时将功率提高50%（见图14）。

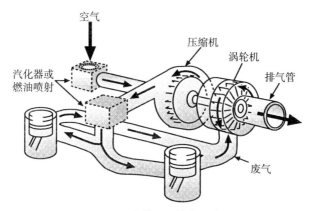

图14　涡轮增压器结构示意图

发动机中的热传递

内燃机内的温度显然会快速升高，部分热量必须在产生后立即散去。在进入发动机的总能量中，约35%转化为曲轴的有用功，约30%在排气过程中损耗了，剩下的35%必须通过热传递来消除。

内燃机内的温度可高达上千度（见图 15）。若该区域的材料与燃油长期处于如此高温下，很快便会分解。因此，这一区域的散热至关重要。当然，同等重要的是如何精准排除仅需排除的热量，因为发动机要想获得最大效率，应在尽可能高温的环境下运行。

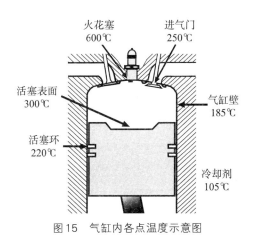

图 15　气缸内各点温度示意图

燃烧室中最热的区域是在火花塞与排气门附近。这里的温度通常达 600℃，甚至更高。活塞表面也是高热区域。不走运的是，这些区域都很难冷却。

该区域内的热传递有三种模式：热传导、热对流与热辐射，其中最重要的就是热传导。假设你有一支金属棒，将其一端放入火焰中，你知道另外一端迟早也会变热，哪怕并不接触火焰。原因就是火焰将能量传递到与之接触的原子，这些原子很快开始加速振动。随后其振动能又被传递到与之相邻的原子上。热量或者热能就是以这种方式在原子间传递的。

衡量热传导效率的系数称为传导系数。银和铜这样的金属具有很高的传导性，混凝土、陶瓷和空气等材料传导性极底，也称为隔热材料。

在发动机中同样重要的第二种热传递模式即热对流。在对流情况下，气体或液体会从一处整体地流向另一处。举例来说，热风炉使用的加热方式就是对流。空气被加热之后，开始向房屋内的各个房间转移。受热的材料被鼓风机强制移动的情况称作强制对流，如果受热材料自主移动则称为自由对流。热空气上升就是自由对流的典型例子。

三种模式的最后一种是热辐射。相较于其他模式，热辐射对于发动机没有那么重要，但也时有发生。若某个物体被加热至炽热发红的状态，由于热辐射的作用，你的手在一定距离之外也可以轻易感受到它的热量。任何受热的物体都会以电磁波的形式散发辐射能，电磁波能以光速传播，并且不需要依赖介质，它们在空气和真空中均可传播。例如，太阳通过辐射的方式将能量传递给我们。尽管在发动机的热传递里，热辐射只占到10%的比重，但仍然不可忽视。

在这部分内容中，我们最感兴趣的还是在燃烧室中发生的热传递。大部分的热量都通过气缸壁传递出去。在不同的冲程中，气缸内的热量也是不同的，而且总体呈循环态势。我们不妨从压缩冲程开始看都发生了什么：在压缩冲程中，气体温度升高，气缸壁开始发生对流加热。温度在燃烧过程中达到最高，在膨胀和排气冲程中温度降低。气缸周围被冷却室包围，冷却剂通过冷却室不断循环。热量通过气缸壁传导给冷却剂。

由于燃烧室中的温度是循环的，所以传递到气缸壁的热量也是循环的。然而循环周期很短，因此通过气缸壁的热量传导只在非常浅表的范围内发生。九成的振荡都在距离气缸表面1毫米的位置逐渐衰减；超过这个深度，传导处于稳定态。燃烧室内壁的温度为190~200℃，而冷却液的温度为105℃。

活塞表面的冷却主要依靠润滑油到达活塞表面的背侧所形成的对流。传导则是通过从密封圈到气缸壁的过程发生的，同样会沿着连杆向下进行。

当然，整个过程都需要配套的冷却系统才能进行。汽车的冷却系统包括风扇与散热器、水泵、恒温器，当然还要有在系统中循环的冷却剂。水曾一度作为冷却剂使用，但纯水有几个缺点。首先，水在0℃时会结冰，这在北方的冬季气候中非常致命。此外，水的沸点也低于预期。几年前的春天，我把车上的散热器修好了。可能修车师傅认为这时候已经不可能上冻了，就没有使用防冻液，而是在散热器里加满了水。怎么那么巧，第二天早上的气温远低于0℃。我不知道散热器里灌满了水，因此对于打不着车惊讶不已。当我摘下散热器盖往里一看：冰？想必你也猜着了，这回我没有把车送回给那个修车工。

现在大多数汽车使用的都是乙二醇和水各占50%的混合物（也就是市面上的防冻液）。这种防冻液还有润滑水泵、防止生锈的作用。

冷却剂在发动机中循环时吸收了大量的热，因此必须对其进行冷却，这道工序由散热器完成。冷却剂会经过一个大型冷却表面，随着冷却剂流经散热器中的蜂巢状通道，会有空气冲刷而过，对其进行冷却。这股气流是由散热器后方的风扇和汽车的向前运动共同作用产生的。要确保水在系统中不断循环，就需要用到水泵。而当发动机处在冷却状态时，恒温器就显得尤为重要了。在发动机温度低于规定值时，冷却剂就会暂停流经散热器。这样有助于发动机快速预热。一旦温度回升，恒温器就会释放液体，使其按正常路径流动。

机械"热汗工厂"：发动机中的热力学

对热量的转移及其与功的关系的研究称为热力学，前文提到的PV图就是热力学的核心。我们看到，在这样的图表中，曲线以下区域的面积可以衡量功的大小。这一节我们将分析内燃机的PV图。对四冲程循环的详细分析会让大家对发动机有更加深入的了解。

事实证明，标准内燃机循环太过复杂，无法进行精确的分析，所以我们做了近似处理。不过这样做并不全是坏事，即便对循环的理论分析采用了近似处理，也还是相对接近真实循环的，我们把这种循环称为空气标准循环。它与真实循环的差异在于，在整个循环周期内，气缸内的混合气体都被当作空气处理了。另外，真实的循环是开放循环（即阀门打开），在空气标准循环中我们假设其为闭合循环。这种情况是假设废气会回流到系统中，当然真实情况中不会这样，但这样也不会造成问题。

纯空气是不能燃烧的，所以我们用输入的热量$Q_\text{入}$来替代燃烧过程。同样，在排气过程中我们假设用$Q_\text{出}$来替代。最后我们假设发动机的工作状态是理想的，便可以使用标准公式（在此我们不会进行深入讨论）。

最后我们要假设发动机的节气门是完全打开的。节气门部分开放的循环会略有不同。为纪念尼古拉斯·奥托发明四冲程发动机，这种理想的空气标准循环被称为"奥托循环"（见图16）。

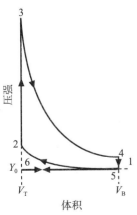

图16　奥托循环 PV 图

让我们先从进气行程开始。活塞位于T_C处，在该循环中体积从V_T增至V_B，在图16中表示为6 → 1。接下来的冲程是压缩冲程，图中表示为1 → 2。在真实的发动机中，该冲程临近结束时火花塞会点火。这会引起压强的突增，图中表示为2 → 3。在该阶段温度会急剧上升。在我们的图中，假设这时$Q_入$进入发动机。

做功冲程在图中表示为3 → 4。在该冲程中，随着体积从V_T增加至V_B，压强和温度都会下降。在真实的发动机中，排气门在该循环即将结束时打开，大部分废气被排出（即4 → 5）。在理想化发动机中，以$Q_出$替代这部分损耗。在最后一个冲程中，活塞沿5 → 6的方向移动，阀门打开，所以压强恒定。此时活塞回到顶部，循环再次开始。

指示热效率由以下公式得出

$$E_t = 1 - [1/(V_B/V_T)^4]$$

其中：V_B/V_T为压缩比。该公式给出的热效率通常在50%上下，制动热效率通常在30%左右。最后，在循环中所做的功即曲线内的面积。

卡诺循环

通过前文我们了解到，从排气系统排出的热量相当多。这当然是种浪费，因为热量也是能量的一种。是否能将这类热损耗降至最低，让发动机更有效率？如果我们能利用发动机产生的所有热量，那就再好不过了，但这是不可能的。因为那种完全不消耗提供给它热量的热机是不存在的。事实上，依据热力学基本定律之一的热力学第二定律，没人能造得出来。不必担心我们是不是把第一定律跳过去了，热力学第一定律就是能量守恒定律（即在一个封闭系统中，能量既不会凭空产生，也不会凭空消失）。第二定律指出，发动机中的热量不能完全转化为能量而不产生其他影响。但奇怪的是，这个过程反过来毫无问题：系统中所有的能量都可以转化为热量。

年轻的法国工程师萨迪·卡诺（Sadi Carnot）对一台热机能做多少功很感兴趣。卡诺主要的兴趣点在蒸汽机，但他发现的原理却适用于一切热机，也包括内燃机。在19世纪初，蒸汽机的低效当时出了名（效率仅有约5%）。这说明燃料燃烧产生的热能中有约95%都被浪费了。卡诺决心找出提高效率的方法。他开始有意忽略热机的细节，仅关注高温下（T_2）以热量为形式供给发动机的能量。在较低温度 T_1 下，发动机做功并排出热量。

卡诺感兴趣的点在于如何最大限度地提高发动机效率，因为在温度 T_2 下，热量会供给发动机，而在温度 T_1 下，热量会随废气排出。他设想出了一个现在称为"卡诺发动机"的东西。我们可以像前文一样，为其绘制一幅 PV 图（见图17）。他证明只有卡诺循环才能实现热机效率最大化。尤为重要的是，它以两条等温线（温度始终相同）为边界。这样就能实现在单一高温下供给热量，并在单一低温下将热量排出。

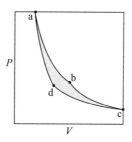

图17　卡诺循环的PV图

不难看出，在温度T_1和T_2之间运转的发动机不可能比卡诺发动机更高效了。当然，卡诺发动机是一种理想状态下的发动机，其中并无由于摩擦或热辐射导致的损耗。那它的效率有多高呢？若采用绝对温度（即开尔文温度），我们可得出

$$E_{卡诺} = 1 - T_1/T_2$$

这就是热机所能达到的最大效率。从该方程式中不难看出，若要达到最大效率，必须使排气温度T_1尽可能低，并使发动机温度T_2尽可能高。要使效率达到100%的唯一方法就是令$T_1 = 0$开（K），而根据热力学第三定律，这是不可能达成的。

当然，在实际应用中没有内燃机能够趋近于卡诺发动机的效率，总归会产生各种各样的损耗。

柴油机

截至目前我们只谈论了内燃机，不过还有一种在卡车和汽车上都很常用的发动机：柴油机。柴油机与火花点火的发动机之间的主要区别在于柴油机不需要火花塞。

柴油机是鲁道夫·克里斯蒂安·迪塞尔（Rudolf Christian Diesel）的发明。迪塞尔年轻时见到过一种根据中国古代的"火折子"[①]改造的玻璃圆筒打火棒。只需在筒内放置一小块火绒，然后利用压缩产生的热量快速冲击筒塞，点燃火绒。对迪塞尔而言，这一过程实在神乎其神，给他留下了无法磨灭的印象。

迪塞尔将卡诺关于热力学与发动机的著作奉为圣经并辛勤研究。他的目标就是提高蒸汽机的效率（当时火花点火的内燃机还处于研发阶段）。经过大量实验，他证明当燃料-空气混合物在高压状态下会起火并开始燃烧，并将此作为自己的四冲程柴油发动机的基础。

四冲程柴油机与四冲程火花点火发动机非常相似。在进气冲程阶段，活塞向B_C方向移动，同时进气门打开，空气被抽入气缸。随后进气门与排气门关闭，活塞向上移动，压缩

---

① 火折子一般由粗糙的纸筒或竹筒制成，内有未熄灭火种的纸屑等易燃材料。用火时打开筒盖，向内短促、有力地送气，送气量要大，便可将其点燃。

空气。在即将点火时，喷油器将燃油喷入气缸。燃油开始燃烧，活塞向下运动，形成做功冲程。在最后的排气冲程中，排气门打开，废气被排出。

柴油机使用的不是汽油而是柴油，因为柴油效率更高：每加仑柴油所含能量比汽油高出10%。由于燃油效率更高且功率更大，涡轮增压柴油机尤其能满足市场需求。

转子发动机

活塞式发动机有诸多缺陷，许多工程师都致力于用更高效的发动机替代它。其中最成功的替代品就是转子发动机，20世纪50年代中期由德国人费利克斯·汪克尔（Felix Wankel）发明的汪克尔发动机最为成功。日本公司马自达在其车型中使用了这种发动机。

汪克尔发动机使用的是一个在偏心齿轮上转动的三角转子（见图18）。该转子将主燃烧室分为三个部分，在任一特定时间，活塞式发动机的常见功能（即进气、压缩、做功和排气）都会在主燃烧室的特定部位发生。与活塞式发动机一样，随着转子的旋转，燃油-空气混合物被带入并压缩。随后混合物被火花塞点燃，产生回转力，并在最后排出废气。

转子发动机的主要优势是没有气缸、活塞、阀门与曲轴。由于这些都被去掉了，转子发动机因此部件更少，可以更小

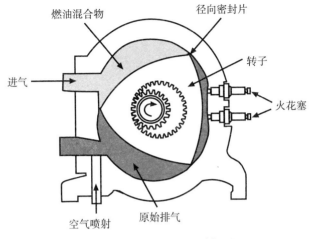

燃油混合物　　　　径向密封片

进气

转子

火花塞

空气喷射　　原始排气

图18　汪克尔转子发动机

更轻。汪克尔发动机还有一个优势：每转一圈就会产生功率脉冲，而无须像活塞式发动机那样经历两个循环。虽然转子发动机可提供重量为其两倍的活塞式发动机所能提供的动力，但它确实也有缺陷：它比传统发动机多耗费约20%的燃油，并且污染严重。

W型发动机

大众汽车（Volkswagen）近年推出了一款W型发动机。为何有人会想制造W造型的发动机呢？它确实有些优势在身。它比类似的V8发动机更加紧凑，并能产生很大的动力。要理解这种发动机，最简单的方式是将其想象成两台并排的V4发动机。W型发动机拥有四组两缸，宽度与V8相近，但要短得多。目前生产的这种发动机，在转速为6000转/分时功率可达275马力，表现相当亮眼，而在2750转/分时扭矩可达273。

　　未来几年，还会推出更加强大的发动机型。奥迪正计划推出W12型发动机，每组将配备三个气缸。在转速每分钟6000转时，功率将高达414马力，每分钟3500转时扭矩可达406。前文提到过的布加迪EB16也计划配备W型发动机[①]，如我们所见，其功率将达987马力。

　　正如本章内容所展现的，对于内燃机及其特性而言，物理学确实意义重大，简直不可或缺。

---

　　① 　W型发动机是德国大众独有的发动机技术，1998年大众收购布加迪全部商标权。

第4章　火花飞溅：电力系统

一天深夜，我们滑完雪，正驶在回家路上，突然车熄火了。因为是辆相当新的车，所以抛锚一事令我颇感诧异。很快，我就发现问题出在电力系统上，于是我排查了线路、冷凝器和电源插座，然后取出分火头，用手电筒照着仔细查看，似乎看不出哪里出了问题。然而车仍旧无法起动，于是我们叫人把车拖到了附近的一家修理厂，眼看着汽修师傅把车上上下下查了个遍。起初他似乎略有所惑，可随后终究露出了笑容。"找着了，"他说着，举起了分火头，"这里头有条很细的裂缝……几乎看不见的那种。"我瞧了瞧，果然，让他说中了。

现在的汽车发动机中不再使用分火头了，我也不怕再碰上这种问题了。不过，电力系统还是会出其他毛病。再者，这套系统已经远比先前复杂了。除非你是机修大师，否则现代汽车发动机罩底下那些错综复杂的线路与电子元件组成的迷宫，复杂程度和电脑无异。实际上，鉴于车载电脑已经成了汽车中"不可分割的一部分"，这些电线确实有不少是连在电脑上的。在此我们不会详细介绍车载计算机系统，但就汽车电力系统的运转原理，我会尽力向大家答疑解惑。

首先了解一点背景知识。如你所知，电主要是由电子，或者应该说是运动中的电子构成的。事实上，所谓电流不过是沿着铜线运动的电子流。可为什么是铜线呢？要回答这个问题，我们必须先把目光转向原子。原子是由一个带正电荷的原子核和带负电荷的电子组合而成，这些电子分散在不同的轨道或电子层上，围绕在原子核周围。由于正电荷吸引负电荷，且二者数量相等，电子被固定在原位。我们真正关注的是位于最外层（即"价电子层"）上的电子。在被称为导体的材料中，处于价电子层的一两个电子几乎不会被固定在一个原子上；实际上，它们能够在相邻的原子间来回游荡。从某种意义上说，这种"游荡"形成了电流，但由于是随机发生的，这种电流并不显著。然而，若在铜质材料的一端施加正电荷，电子就会被吸引过来。它们会沿着正电荷的方向从一个原子转移至另一个原子。实际上，我们所做的就是在导体的两端施加电压。

电压就是一种施加在电子上迫使它们向着某个方向移动的"压力"。在很多方面，电压和在流水两端所施的压力十分相近。正如下文所示，流水与电子的流动确实类似，随着我们持续展开本章内容，我将就其中几点论述一二。

　　电压可正亦可负，这一特性被称为电压的极性，极性决定了电子在导线中流动的方向。将电压或电压差作用于导线，电子就会流动，于是就产生了电流。电流与水流别无二致，正如测量水的流量是用每秒多少加仑一样，我们也需要一种单位来度量在导线中流动的电子数量。看上去用每秒流过电子的个数来测量可能很便利，一旦稍加考量，就会发现这个数字通常有几百亿亿之巨。于是我们使用安培[①]作为度量单位，1 安培约等于每秒 6×10^{18} 个电子的电荷量。

　　电子在电路内流动时会做些什么呢？当然，它们的主要职责是做功。它们能使电机转动，能点亮电灯，或源源不断地供应热量及其他。那我们不禁要问：应该如何衡量这种功？显然，做功的过程涉及了电压与电流，那么度量的方式必与此二者相关。其实，我们更愿意使用做功的速率（或功率），而且确实有现成的功率单位。正如前文所见的，单位为瓦特[②]或千瓦。功率是电流与电压相乘所得的。

　　由于功率取决于电流与电压，因此二者都至关重要。在几乎没有电流的情况下，高压电不会产生很大的功率，高电

---

　　①　安培，国际单位制中电流强度的单位，符号为 A，以法国数学家和物理学家安德烈 – 马里·安培命名。1 秒内通过横截面的电荷量为 1 库仑（6.241×10^{18} 个电子的电荷量）时，电流强度为 1 安培。

　　②　瓦特，国际单位制中功率的单位，简称瓦，符号为 W，以对蒸汽机的改良做出重大贡献的英国科学家詹姆斯·瓦特命名。1 瓦特等于每秒钟转换、使用或耗散的（以安培为量度的）能量的速率，日常生活中常用"千瓦"作为单位。

流和低电压的情况亦然。这让我想到曾有人向我发问：高电压和高电流，究竟哪一方才是电死人的真凶？他们为这个问题争得难分难解，让我来主持公道。我告诉他们，双方缺一不可。电流极高且电压极低伤不着人，而电压极高电流极低的情况虽让人刺痛难忍，却也不足以夺人性命。

前几年，我曾有过一次与之相关的有趣经历。当时我正进行一个电学主题的讲座，要用到一台范德格拉夫起电机（一种能产生大量电荷的装置）演示关于电的种种现象。当时我正向学生们演示，将一个电灯泡举到范德格拉夫起电机顶部的带电球体附近时，它是如何亮起来的。讲座一开始，我原本讲了几个关于电学的笑话，但让我沮丧的是几乎没有人笑。而在讲到范德格拉夫时，我指着那台起电机。说时迟那时快，一道闪电划破长空，从起电机上飞出来，正打在我的手指头尖上。我当时绝对从地上生生蹦起来几英寸高。一阵短暂的死寂之后，全班开始哄堂大笑，而且笑得停不下来。我好歹算是得到想要的笑声了，可跟设想中的不大一样啊。

还是回到电压与电流的话题上来，电学中还有一个很重要的概念叫作电阻。让我们回头看关于流水的类比，若管道中的水遇到了限制，或管道突然变窄，水的流速就会减慢。电路亦然。若遭遇限制，电流流速就会发生改变。这种对电流的阻滞就叫作电阻。在所有电路中都存在这样或那样的电阻。测量电阻的单位为欧姆（用 Ω 表示）。

现在我们已经讲到了电学的三个主要组成部分：电压、电流以及电阻。这三者之间是否有关系？一个疑问应运而生，答案是肯定的。欧姆定律就是表达它们之间关系的定律。我们可以把它写作电压 = 电流 × 电阻，或

$$V = IR$$

若需要计算电路中的电流，你只需把式子写成 $I = V/R$。这种关系对确定电流与电压的时候非常有用，稍后我将给出一些应用的实例。

如前文所见，我们需要电路中的电线具有良好的导电作用。大部分电线是铜制的，铜当然是最好的导体之一。而除了导体，还需要一种东西叫作绝缘体，它们的自由电子非常少，并且对电流的流动有很大阻力。此外，介于导体与绝缘体之间的是半导体，它们对于晶体管和二极管来说非常重要。绝缘体看似在电路中几乎没有用处，但实际上它们用处很大，因为需要使用它们将电线彼此隔离开。如果电线周围没有绝缘材料包裹着，它们之间就会发生大量的"短路"现象。事实上，像火花塞这样的线路，由于电压高所以需要相当强的绝缘材料。

电路

任何一辆汽车中都有大量的电路。起动机、点火系统、充电系统、照明系统以及收音机等配件都需要用电。在任何

给定的电路中，都有三个主要组成部分：电池或电源、导线以及负载（见图19）。

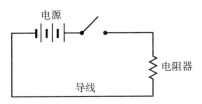

图19 简单的串联电路示意图

在这样一个电路中，我们首先应该考虑电流的方向是怎样的。如前文所述，电子被正电荷吸引，因此它们从电池的负极流经电阻器后移动到正极。然而，由于历史的偶然性，我们不认为电流是沿着这个方向流动的。依照传统，电流的方向被认为是从正极到负极，与电子流动的方向相反。这听起来很胡闹，但其实并不像你想的那么难理解，而且事实证明还更加简便易懂。首先，我们通常会将电池负极接地，因此认为电流来自正极是说得通的；其次，稍后我们还将讨论晶体管和半导体，其中就有被称为"空穴"的正电荷在电路中流动。在这种情况下，常规的电流方向只是正电荷流动的方向。本书中我们都将使用常规电流的方向。

让我们先从最简单的串联电路（见图20）开始。汽车上的许多电路都是这种类型。图20中展示的电阻器可以代表许多东西，比如电灯泡或实际的电阻器（二者在电路中都很重要）。在这种情况下，我们不妨假设电阻为6欧姆，电池电压为 12 伏特，因为这是汽车电池常用的电压。有了这些信息，我们就可以利用欧姆定律来计算电路中的电流了，即 12 伏特 ÷ 6 欧姆 = 2 安培。要注意的是，若上述电路中有几个电阻器，那么很容易就能得出总电阻，即各个电阻器的电阻之和。

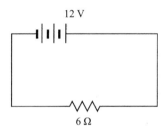

图 20　电压为 12V、电阻为 6Ω 的串联电路图

现在我们将注意力转到电路中的电压上。如果用电压表测量 6 欧姆的电阻器，就会看到电压是 12 伏，表明 12 伏的电池电压被电阻器耗尽；另一方面，若我们将几个电阻器串联起来——比如说，6 欧姆的电阻是由三个 2 欧姆的电阻器组成的，那么其中一个电阻的电压就是 2 安培 × 2 欧姆 = 4 伏特，但三个电阻器上的电压总和必须得是 12 伏特。

不需要很多专业知识就能发现串联电路的几个缺陷。随着电阻的增加，电流就会下降，并且每个负载上的电压也会变小。这一点可能会在需要特定电压或电流的电路中引起问题。此外，若电路中的两个电阻是两个灯泡，比如两盏车大灯，那么只要其中一盏烧坏，另外一盏也会因为短路而熄灭。

我们可不想遇到这种事情。

要解决这样的问题，我们就要采用并联电路。如图21所示，在这种情况下，电阻是并联的。即便一个灯泡烧坏了，另一个也会继续亮着，因为它的电路还是闭合的。另外，很重要的一点是，两个电阻的电压是一致的，若需要两个灯泡以相同的电压运转，这点就很必要了。然而请注意，在我们的这个例子中，通过灯泡的电流会比串联电路中的小。还记得水流的类比吗？若一根水管裂变为两根，那么其中一根水管中的水就比原来那根中的要少。

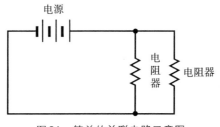

图21 简单的并联电路示意图

此处我们依然可以利用欧姆定律进行计算。假设每个电阻器（灯泡）的电压为12伏。左边的电阻是3欧姆，通过它的电流是12/3 = 4安培（见图22）；通过另一个灯泡的电流是12/4 = 3安培。那么主电路中的电流是多少？显然我们需要把这两个电阻器的电阻相加求得，但我们不能用串联电路的算法来算。并联电阻的相加方法是不一样的，其公式为

$$R = 1/(1/R_1 + 1/R_2)$$

其中：R_1和R_2是并联的两个电阻器的阻值。在上述情况下，R = 1/(1/3 + 1/4) = 1.72欧姆。因此整个电路中的电阻是1.72欧姆，那么流经主电路的电流就是12/1.72 = 6.97安培。最后，还有可能出现图23中那样的串联与并联组合的电路，但这样的组合电路在汽车中并不常见。

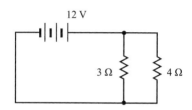

图22　由3Ω和4Ω的电阻并联而成的并联电路

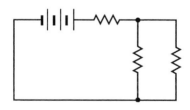

图23　串联和并联电阻组合的电路示意图

到目前为止，从所见的电路图中可以很清晰地看出，电流的流动需要一个闭合回路或完整的电路。若电路中有断开处，则会形成一个没有电流通过的断路（开路）。但在汽车中，完整的回路需要大量的电线，我们可以通过接地来减少断路出现。最简单的做法就是将车架作为电路的一部分（见图24）。我们用图25中的电路图来表示这种情况。符号⏚表

79

示接地。电子围栏[1]的工作原理也是相同的，但电子围栏通常是用大地来构成完整回路的。电子围栏确实是个神奇的事物：即使在不插电的情况下，它们也能起作用。一旦围栏内的动物碰围栏一下，保证它们几个月内都不敢靠近了。

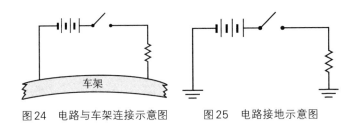

图24　电路与车架连接示意图　　图25　电路接地示意图

顺便一提，为了方便记忆，我们可以把与串联和并联电路的一切总结成如下的两套规则。

串联

　　1.整个串联电路的电流都是相同的；

　　2.负载两端的总电压等于电池电压；

　　3.每个负载上的电压取决于电阻，并可从欧姆定律求得；

　　4.电路的总电阻为各电阻之和。

并联

　　1.通过每个支路的电流各不相同，可通过欧姆定律计算得出；

---

① 一种使用电击来阻止动物或人越过边界的屏障。

2. 每个负载上的电压相同，即电池电压；

3. 主电路上的电流是各支路电流之和；

4. 各电阻器的总电阻小于任何一个支路电阻。

晶体管与二极管

至此，我们已经了解电路中的电阻与电池。接下来还将看到汽车电路中的电动机、交流发电机、继电器等。多年以来，汽车一直在使用电子元件——晶体管与二极管。如今，它们中的大部分已经被含众多电子部件的薄硅片或集成电路取代了。然而，电路中的大多数电子部件都是微小的晶体管。事实上，有时在小小一个集成电路上会有多达10,000个晶体管。现在这些电路被称为芯片。随着汽车很大程度上由计算机控制，芯片在其中发挥了极为重要的作用。关于芯片我们就不多谈了，但了解晶体管和二极管还是必要的。

先从二极管开始。二极管是由锗或硅等半导体材料制成的。半导体可能掺杂着p型与n型两种。换句话说，依据其电荷类型分为正或负两种。二极管由p型和n型半导体构成（见图26）。这种组合令电流只能单向流动。在电路中，用箭头指示电流流动方向。二极管最重要的用途之一是对交流发电机的电流进行整流。稍后我们将看到，交流发电机发出的电是交流电（AC），但我们需要直流电（DC）来给电池充电并运行车中的其他部件。使用二极管可将交流电变为直流电。二极管还用于保护并隔离电路，使其免受电压或电流的冲击，尤其是发生在线圈附近的冲击。

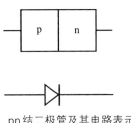

图26　pn结二极管及其电路表示法

在多数电子电路中，晶体管的重要性更高。在实际使用中，晶体管并不比二极管复杂多少。我们只需在二极管中增加一个n段或p段即可获得晶体管。晶体管有npn和pnp两种。请注意，此处也有三种连接方式。在电路中表示的方法可见图27。

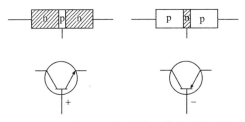

图27　npn与pnp型晶体管及其电路表示法

若把晶体管想象成水龙头就很好理解了，其基极就是水龙头上控制水流的把手。在电路中，基极控制着流经发射极和集电极两个节点的电流。当调整或改变基极中的电流时，就会影响从发射极到集电极的电流。这表明晶体管就像放大器，通过小信号来控制大信号。

随着汽车越来越电子化与计算机化，晶体管应用越发广泛，特别是用于点火电路、充电电路和起动电路中。实际上，正如前文所述，我们现在大多使用集成电路，但晶体管是这些电路中不可或缺的组成部分。

电池

电池是汽车上必不可少的组成部分。没有电池，汽车就不能运转。电池若是没电，车也跑不起来，或者至少没法起动发动机。绝大多数人都经历过电池没电的窘境。我上大学时，每天早上都有几个同学搭我的车一起去学校。由于囊中羞涩，我在电池使用寿命将尽的时候，依然迟迟没买新电池。那时候它的电量差不多只够每天早上让引擎发动两三次。要是没发动起来，我们就通过推车来起动。这样过了几天，我便下定决心买新电池了。当我走向我的车和等在那儿的乘客时，我确信他们都在猜这车这回能不能起动。而当我走到他们跟前，我发现他们在草地上放了一个惊喜给我：一块崭新的电池。

电池有两种类型：可充电的和不可充电的。放在手电筒里的那种小电池一般来讲是不可充电的；车中的电池则是可充电的蓄电池，我们只讨论这一种。正如前文所见，大部分汽车蓄电池都是12伏的。

当你给电池充电时，其实并不是在往电池里储存电力。你所做的是改变电池中的化学物质，令其再次开始工作或使其达到最佳工作环境。让我们先来看一组典型的蓄电池单元。它由一个正极和一个负极组成，二者由隔板和电解液隔开。其中每块板都是由以锑或钙构成的幕状栅格所组成。根据要设置的是正极还是负极，分别向其中压入铅（Pb）或者氧化铅（PbO_2）。板与板之间用塑料或玻璃绝缘体隔开。电解液，或浸泡着正负极板和绝缘体的溶液，是硫酸（H_2SO_4）与水（H_2O）的混合物。一块特定的蓄电池中有许多块正负极板，所有的正负极板串联在一起。

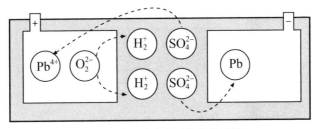

图28　蓄电池放电时的化学过程

一块充满电的蓄电池，主要由氧化铅构成的正极板以及主要由多孔海绵铅构成的负极板所组成。在发动汽车或打开车灯时，蓄电池会放电。我们来看看这时候发生了什么。氧化铅中的氧原子从正极板上挣脱而出，与溶液中的氢离子结合。硫酸分解产生的硫酸根离子与负极板中的铅原子结合，最后溶液中的硫酸根与正极板中的铅原子结合。如果放电过程持续时间足够长，两块板最终将成为硫酸铅（$PbSO_4$）（见图28）。由于两块板完全一致，它们中间没有了电位差，电池也就没电了。

为了给电池充电，我们就必须逆转这个反应过程。换言之，必须让正极板变回氧化铅而让负极板变回铅。为此，正极板中的硫酸根离子必须与溶液中的氢离子组合。溶液中的氧原子必须与正极板中的铅原子结合，而负极板中的硫酸根离子必须脱出并与溶液中的氢离子结合而形成硫酸（见图29）。

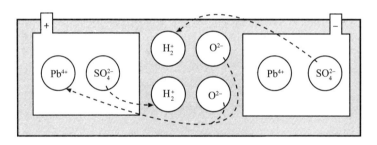

图29　蓄电池充电时的化学过程

起动汽车

跳上一辆车之后，你要做的第一件事就是起动发动机。对你来说，就是转动一下钥匙这么简单，但在汽车与电气系统内部发生的事就不那么简单了。咱们来看看都发生了什么，先从起动电动机开始。电动机背后的物理学知识涉及了电流与磁场的相互作用。正如前文所述，我们可以利用电流产生磁场。事实上，所有通电导线都有相应的磁场。要确定这个磁场的方向（磁力线由北向南走），你可以用右手握住导线，以右手大拇指指向电流方向，则另外四根手指弯曲的方向就是磁场方向。

若在一根铁芯的周围缠绕导线并通电，你就得到了一个电磁铁。铁能增强磁场。英国实验人员威廉·斯特金（William Sturgeon）造出了首个电磁铁。1823年，他将18圈裸铜线缠绕在一个U形杆上，这个U形杆举起了20倍其重量的铁，威廉喜出望外。几年后，在1829年，美国物理学家约瑟夫·亨利（Joseph Henry）注意到了这一发现。他用数百圈绝缘线缠绕铁芯，造出非常强大的电磁铁。1833年，他造出了足以举起1吨铁的电磁铁。

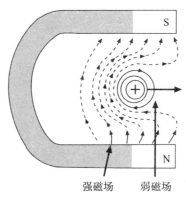

图30 磁场中的通电导线。这两个磁场（即导线和永磁体）间的相互作用会将导线推出永磁体的磁场

　　汽车中的许多部件都用到了电磁铁。电磁铁被如此广泛应用的原因之一是磁场的相互作用。由于这种相互作用，在电流方向相同时，两根通电导线会相互吸引；在电流方向相反时，它们则会相互排斥。基于以上的知识，让我们看看将一根通电导线置于磁场中会发生什么。导线的磁场将与磁铁的磁场发生相互作用。在导线的一侧，磁场被增强了，而另一侧的磁场被减弱了。结果导致导线的一侧是强磁场，另一侧是弱磁场，由于磁力线的作用与被拉长的橡皮筋相似，强磁场的磁力线会倾向于如图 30 那样，将导线向右侧推。

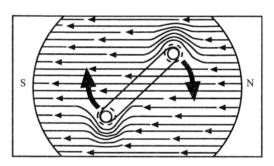

图 31　磁场中的导线线圈（端视图）。磁场迫使导线旋转

　　现在我们依照图 31 来弯曲导线。导线线圈会被磁场扭转，但转动半圈之后这个力就不存在了。然而若能在某处改变线圈中电流的方向，那么线圈就会继续扭转。我们可以通过引入换向器和电刷来实现这一点（见图 32）。换向器（又称整流器或整流子）的形状类似一个半圆形，我们可通过增加导线

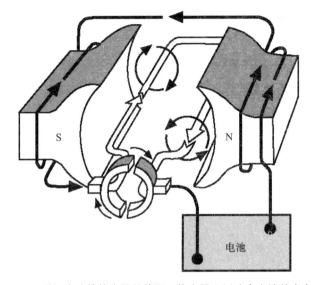

图32　磁场中连接换向器的线圈，换向器可以改变电流的方向

线圈的匝数来为其增效。线圈匝数足够之后，便能形成电枢，这是电动机中的一个重要组成部分。

　　于是，现在摆在我们面前的是一台电动机，若转动钥匙并按下起动机（见图33），电动机就会开始转动。我们能在这台电动机的一端看到单向器，这是一个小型的环形齿轮，与飞轮上一个更大的齿轮相啮合。当飞轮旋转时，活塞上下运动，火花塞点火，发动机开始起动。重要的是，发动机一旦起动，大小齿轮需要尽快脱离，否则将对电动机和齿轮造成相当大的损害。这一过程需要超速离合器来完成。这种离合器基本上是单向的，只允许沿单一方向运动。

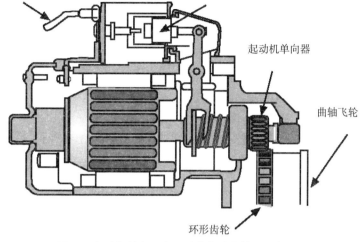

图33　起动机单向器和环形齿轮啮合情况示意图

最后应该提一下安装在起动电动机上的起动机电磁开关。其主要作用是推动起动机单向器上的齿轮，使其与飞轮上的齿轮啮合。它还负责将蓄电池接到起动电动机上，并使其翻转。

充电系统

发动汽车需要大量的电流，所以蓄电池需要经常充电。实际上，如果你没能顺利起动汽车，最后很可能会把电量耗光。简言之，从电池获得的，必须重新还回去：要再给它充电。另外，驱动汽车前进也需要电流，即靠交流发电机来发电。老一辈人听了可能会说："难道不应该是直流发电机吗？"确实，

89

直流发电机曾一度风靡，但现在所有车配备的都是交流发电机了。

那么就让我们来看看交流发电机。前文曾提到过，若将导线放置在磁场中并通电，就可使其移动。如果反过来的话会发生什么呢？假设导线被置于磁场中且未通电，同时我们移动导线，你会发现有电流流过——换句话说，就是导线中感应到了电压（见图34）。这意味着若能在磁场中机械地移动导线，就可以发电，这就是交流发电机的作用原理。

图34　磁场中移动的导线会在磁场内部产生电流

交流发电机主要由两部分组成：转子与定子（见图35）。正如所见，我们需要一个在移动磁场中的导线线圈，或者一个在静态磁场中的移动线圈。事实证明，还是让磁场移动更加便利，这个移动的磁场就是转子。它由一个产生磁场的导线线圈构成，且该线圈如图35所示被放置在两组宛如双手交扣的指状物中间。这些指状物将被磁化，作为南北磁极，具体要视它们是否与线圈相连或相连的位置而定。它们被交替放置是为了产生交替的南北磁极。电流通过集电环进入转子，类似于电动

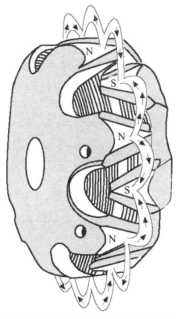

图 35 交流发电机的转子与定子。转子与定子均为导线线圈。
转子能够移动，围绕转子的定子不能移动

机中的换向器。转子通过皮带轮挂住发动机从而使之旋转。

定子由一个外壳和许多环绕转子的导线线圈组成。当转子转动时，其磁力线穿过定子绕组并感应到电流。定子绕组将交替曝露于南北磁极之间。因此，产生的电流会在绕组间来回流动，换言之，就是产生了交流电。但我们需要的并不是交流电。为了给蓄电池充电，我们需要直流电。此外，要运行汽车中的大部分系统也需要依靠直流电。如何得到直流电呢？这种时候就需要前面提过的二极管登场了，我们可以用二极管来将交流电转换为直流电（见图36）。

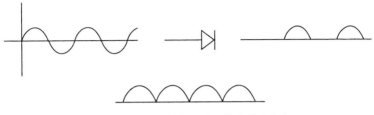

图36　通过二极管将交流电转换为直流电

　　我们已经知道二极管只允许电流沿单一方向流动，不妨看一下这样对交流电会产生何等影响。如图36所示，二极管阻断了所有负方向上的电流，所以就有半个周期没有电流通过。若在相反方向上再接一个二极管，那么交替的回路就被阻断了。通过对二极管进行适当的组合，我们就可以实现图36底部所示的电流波形，此时就可以直接接入直流电了。

　　现在直流电有了，可我们仍需面对一个问题：回充给蓄电池并要在车中使用的电流必须经过仔细调节。如果充电系统在11伏电压下运行，而蓄电池的工作电压为12伏，那充入的电很快就会耗尽。必须要在电量低时将电流充入蓄电池，并在充满时及时停止，我们可不想出现过度充电的状况。

　　要如何控制或调节交流发电机的输出呢？回过头来看转子和定子，我们会发现流经转子内线圈的电流才是关键。通过该线圈的电流叫作励磁电流。若励磁电流增加，则定子的输出增加；若励磁电流减少，输出也随之减少。那么，我们需要的是在励磁线圈电流回路中的可变电阻器。当该电阻器发生改变时，输出将随之改变。

为实现有效调节，调节器必须能够感知系统各个部分的电压与电流，尤其需要感知电压降，例如打开大灯时发生的电压降。近年来调节器已经实现计算机化，现已成为汽车整体计算机中的一部分（见图37）。

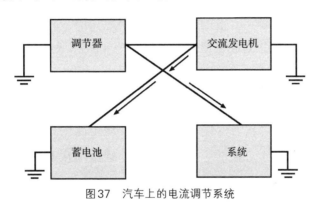

图37 汽车上的电流调节系统

点火系统

电气系统的主要工作之一是向火花塞供电，以便火花塞点燃气缸内的燃料-空气混合物并驱动活塞。这一过程需要电压高达20,000伏乃至更高，而蓄电池只能提供12伏的电压。因此火花塞所需的电压由点火线圈提供。稍后我们会看到，点火线圈是基于另一个物理学原理运作的，该原理涉及电流与磁场间的相互作用。

我们知道，将导线缠绕在软铁芯上，可以得到一个强磁场。我们就从这里入手，假设将较粗的导线在铁芯上缠绕数百匝，就构成了初级电路。然后在初级电路上用细得多的导线缠绕数千匝，这就是所谓的次级电路（见图38）。由于次级电路的导线数量太多，所以其电阻也要比初级电路大得多。现在，将初级电路快速断开再接通。以前完成这套操作需要靠拔插电源插座，现在可通过电子设备控制了。考虑一下发生了什么：电流被接通时，磁场形成了；初级电路断开时，磁场就衰减了。特别的是，它会穿过或切断次级绕组，导致次级电路中出现高电压。电压的比率将会随着初级与次级电路中绕组数之比而变化，因此要从次级电路中获得20,000伏的电压输出并非难事。这部分电压会被施加在火花塞上。当然，电流会非常小。

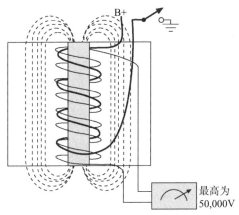

图38 点火线圈的初级电路（粗线）和次级电路（细线）示意图

点火线圈只不过是个变压器——那可是我在高中阶段最喜欢的设备之一。我连做了好几个并希望打造一个高压"闪电发生器"（就像前文提到的范德格拉夫那样）。不过，几次可怕的经历之后，我决定还是算了。

高压必须用在"对的"时间——只有在需要高压的时候才能用。在较为老式的系统中，线圈的输出是通过分电器导到火花塞的。由于现代汽车不再配备分电器，分电器本身也逐步成为历史，现在分电器已经被电子器件和传感器彻底取代，这里就不多谈了。

由于在整个点火系统中同时存在极高的电压与极低的电压，因此分别设有初级电路与次级电路。初级电路是低压控制电路，次级电路是连通火花塞的高压输出电路。整个电路与图39所示的电路类似。图中发生的情况如下：传感器对活塞的位置进行感知，以便确定火花塞何时需要火花来点火。信息被转

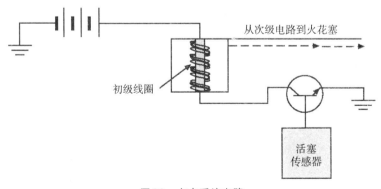

图39 点火系统电路

到初级电路，初级电路在次级电路中产生高电压脉冲。这个高电压脉冲沿着次级电路抵达火花塞，为其点火并使燃油燃烧。

有几个不同种类的活塞传感器或曲轴位置传感器，大多数情况下它们使用的是小磁场。比如可以在曲轴上配置小号的磁铁，线圈可作为传感器。当磁铁通过线圈时，会在其中产生微小的电流。常用的霍尔效应传感器略有不同，但原理相同。

正如所见，物理学的两个重要分支——电学与磁学，在汽车领域也同等重要。没有它们，现代汽车就不可能存在。

第5章 "踩刹车"：减速

性能良好的刹车实在太重要了，这点几乎人人都认同。若情况紧急亟需马上停车，而你却发现刹车踏板已经踩到底了，那简直令人绝望。我倒是没遇上过这等惨事，但在多年前，得到人生第一辆车不久后，我有过类似遭遇。那是辆较为老式的车，我带着自豪，喜色盈面把它买回了家。我知道这辆破车需要一番大动作来修整，但它毕竟是我自己的。一回到家，我就迫不及待想试试车，于是便和朋友一起驶上了高速。作为小年轻，我们最惦记的就是看它能跑多快。速度上了60英里/时后，我得意地继续加速，想看看到底还能快多少。我脑袋里光想着加速，本应仔细看路标的事也让我抛到脑后了。突然，我发现前面马上就有个急弯，于是猛踩刹车。让我大吃一惊的是，车子猛地向右一晃，我险些没控制住冲出马路。于是又踩了一脚刹车，这次力道轻了些，可车还是向右飘。

这时候我们的车速还是接近50英里/时，而那个急弯就在跟前了。我继续使劲踩着刹车，不知怎的，我们还是安全过了弯。放慢车速后，我大松了一口气。经历了这么一遭，我发誓驾驶不熟悉的车之前，一定得先检查刹车。

现代的刹车系统与老式汽车大不一样。液压制动器是于20世纪20年代中期引入的一项伟大创新。1968年引入的双刹车系统则令汽车更加安全——即便其中一组刹车失灵，总还有备用的。现在大部分汽车都采取动力刹车，近年来又引入"ABS"，即防抱死制动系统，更为汽车的安全性锦上添花。

摩擦力

大部分人都很清楚何为摩擦力以及摩擦力的作用，特别是到了冬季，马路和人行道上冰雪覆盖的时候，就更清楚了。正是摩擦力让你不至于后仰摔倒，也是摩擦力在你踩刹车时能让车停下来。

当一个物体在另一个物体表面滑过的时候，摩擦力有可能相当大，也可能微乎其微，要取决于表面是粗糙还是光滑。你或许认为，在诸如冰刀和冰面这样的表面之间几乎没有摩擦力，但实际还是存在少量摩擦的。

摩擦是什么原因导致的？仔细观察任意表面，你总会发现些许凹凸不平之处。有时候可能需要显微镜才能看得到，但它们确实存在。当两个表面互相擦过时，其中一个表面上的不平之处就会和另一个表面的不平之处相互接触，于是产生了阻碍运动的摩擦力。简言之，每个物体都对另一个物体施加了一个平行于两表面的力。两物体表面之间没有运动时也会存在摩擦力，比如，当作用在一个物体上的力不足以使其移动的时候。

让我们做个实验。假设在物体表面放置另一物体。鉴于这本书是关于汽车的，可以假设放置了一个车轮加车胎。再假设你有一个弹簧秤（尽管弹簧秤不是特别精准，但相对我们的实验目的还是够用的）。此时若轻推一下轮胎，它可能并不会移动，这是因为它与所接触的表面之间有摩擦力。现在将弹簧秤的弹簧连接到轮胎上并开始拖拽，如果你足够用力，轮胎最终会被拖动。事实上，这时候你已经克服了阻碍运动的摩擦力。其实还存在一个你并未完全克服的力，否则轮胎就不需要你用力推便能继续无止境地运动下去了。

在轮胎静止不动时，它与接触面之间的摩擦力叫作静摩擦力。然而一旦轮胎开始运动，这个力就减小了，被称为动摩擦力。可以发现的是，摩擦力与接触面积无关，仅与将两个表面贴在一起的力成正比。我们将这个力称为法向力，通常用 N 表示。

由于摩擦力取决于 N，于是得出它们之间的数学关系为：$F \leqslant \mu N$，其中 μ 为摩擦系数。摩擦系数可以衡量接触面的粗糙或光滑程度，或二者之间滑动的难易度。之所以要使用

"≤"，因为这个力是可变的。换言之，在轮胎开始移动之前，你可用各种不同的力来推它。

但是必须要小心。假设我们正在拖拽轮胎，而它还没有移动。在这种情况下，我们处理的就是静摩擦力，关系为 $F \leq \mu_s N$，其中 μ_s 为静摩擦系数；一旦轮胎开始滑行，摩擦力的可变性就消失了。

要使轮胎均匀地移动，需要一个唯一的力。此外，一旦开始移动，摩擦系数就会变小，就不能使用 μ_s 了。此时需要新的摩擦系数 μ_k，我们称之为动摩擦系数，表达式为

$$F = \mu_k N$$

请注意：F 和 N 单位相同，因此 μ_s 与 μ_k 都是无量纲的。换句话说，它们没有单位，并且是介于 0 到 1 之间的数字。摩擦系数趋近于 0，说明表面非常光滑；摩擦系数趋近于 1，则说明表面十分粗糙。

以下为几个摩擦系数的示例：

	μ_s	μ_k
橡胶与混凝土	0.90	0.70
铜与玻璃	0.68	0.53
橡木与橡木	0.54	0.32
黄铜与钢	0.54	0.32
钢与冰	0.02	0.01

由于我们主要的兴趣点在汽车上，所以我们来看看几种

轮胎在混凝土路面上的摩擦系数：

	μ_s	μ_k
干燥混凝土—低速路面	0.9	0.7
干燥混凝土—高速路面	0.6	0.4
潮湿混凝土—低速路面	0.7	0.5

把车刹住——减速

大多数人想到汽车，尤其是高性能、大马力的汽车或赛车，首先想到的都是加速。

一辆车从静止加速到60英里/时的过程能有多快？实际上，只要看看杂志广告上新车的技术参数，这一条就是会最先映入眼帘的信息之一。

其实"这车能多快停住"是同等重要的。正如我们马上要看到的，即便制动系统性能良好，制约条件和缺陷依然存在，其中最重要的是突然停车时你身体所受的力。（在加速时你也会感受到这个力。）如你所知，宇航员乘坐火箭起飞时会承受数倍的重力加速度（g）。所以开车的人在加速或减速过程中自然也会感受到重力加速度。

让我们看看重力加速度会对我们产生什么影响。若你在1个g的重力加速度下减速，你就是在以每秒32英尺的速度减速。换言之，若一开始你的车速是64英尺/秒，下一秒你的车速就会减到32英尺/秒，而2秒后你的车速就降到零了。听起来是不错，但如果你正在1g的重力加速度下停车的话，你就会感觉到它的存在：所有没被固定在原处的东西都会向前飞去，如果你系着安全带，可能会被勒得喘不过气来。另一方面，要是你没系安全带，情况只会更糟。

小客车内的人可承受的最大加速度约在0.6g~0.8g之间。大部分时间我们停车时的加速度都在0.2g上下。在这类减速过程中，你的身体会受到多大的力呢？假设你体重为160磅。在0.8g的加速度下，你会感到有128磅压在身上（假设你系着安全带）；在0.6g时，这个重量就变为96磅；而在0.2g时，则为32磅。只有最后一种停车方式才称得上合理且舒适。

当然，加速度为0.8g时，停车肯定会快得多。根据计算不难得知，此时你的车速每秒下降25.76英尺，所以如果初始车速为60英里/时，1秒后你的车速就降至41.75英里/时，2秒后降至23.5英里/时，3秒后降至5.25英里/时。而在0.2g重力加速度下，对应1秒、2秒、3秒内的速度就变为55.6、51.2和46.8英里/时，到4秒后为42.4英里/时。总而言之，在这种情况下你需要12秒钟才能把车停住，显然长于预期了。

另一个我们想知道的就是刹车距离，就是在不打滑的情况下把车停住的最短距离。可用如下公式求出

$$s = v_0^2 / 2g\mu_s$$

注意，我们处理的这两个表面（即轮胎和路面）之间是

没有相对滑动的，所以我们必须使用 μ_s。

同样地，在代入几个数字后，我们发现在干燥的混凝土路面上，初始车速为 60 英里/时（88 英尺/秒），$\mu_s = 0.8$ 时，可得出刹车距离为 151.25 英尺。这需要多长时间呢？我们可通过该公式确定

$$S = \frac{1}{2}at^2$$

由此可得：停车时间是 3.24 秒。重要的是要记住，这是最短刹车距离，而且不难得出刹车时的加速度约为 0.8g，会给你的身体施加 126 磅的重量（假设你的体重为 160 磅）。不用说，肯定是相当难受的。

回顾前文给出的几种摩擦系数，我们会发现路面状况对于停车的影响极大——尤其是路面是否潮湿、干燥或是否结了冰。轮胎的情况在此同样重要，如表 5 所示。（注意，表中的数值均为近似值，且取决于多种因素。）

表 5　新旧轮胎在各种状况下的摩擦系数

轮胎状况	天气（μ_s）			
	干燥	小雨（潮湿）	大雨（有积水）	结冰
车速 60 英里/时				
新胎	0.9	0.60	0.3	0.050
旧胎	0.9	0.20	0.1	0.005
车速 80 英里/时				
新胎	0.8	0.55	0.2	0.005
旧胎	0.8	0.20	0.1	0.001

这说明什么呢？前文中，在干燥路面上，车速为60英里/时的情况下，最短刹车距离为151.25英尺；而当路面有积水或结冰该距离会增加多少？结果如下：

小雨（新胎）	201.6英尺
小雨（旧胎）	605英尺
大雨（路面有积水，旧胎）	1210英尺
结冰（新胎或旧胎）	12,100英尺

看了这些数字，你或许会明白潮湿及结冰的高速公路有多危险。结了冰的路面能有多可怕呢，我是有亲身体会的。年轻时我曾去离家200英里远的一所大学上学，其中一段路还要穿过一个冬季多雪的山口。每逢圣诞节考试结束后我就会搭上几个同学一起驾车回家。我总是担心路况，预备了防滑链，以防不时之需。但我确实很讨厌装防滑链，因为一旦开过那段多雪的山口，我又得停车把它们拆下来。

一次，我们以大概60英里/时的速度行驶着，或许是因为我碰了刹车，突然间后侧的轮胎开始打滑。刚开始打滑时，车里一片寂静。我尝试重新控制汽车，但怎么做似乎都没用，坚持了几分钟后，我发现车速依然接近60英里/时。

车子继续转着圈儿打滑，很快就开始一路倒退了，而且车速还是没怎么降下来。退一步说，路边的斜坡相当陡峭，但斜坡和路之间还有一摊雪挡着，所以我不太担心。但我确实担心对面方向开来的车辆。

过了很长时间,车终于停了下来。谁也没有说什么,但我似乎听到了几声沉重的叹息。现在车头的朝向彻底反了,我们只好把防滑链取出来装上,正装到一半,一辆大型运沙车开了过来。车停了下来,司机冲我们喊道:"不用装防滑链啦——从现在起到镇上,后面一路都是沙子啦——"一瞬间,大家都笑了起来。司机师傅想必觉得我们都疯了,等我们告诉他我们其实不是准备朝车头的方向开,他才明白过来。当然,摩擦系数为0.001乃至更低的冰面真能要人命,还好我们很走运。

前文提到过,若起始车速为60英里/时且 $\mu_s = 0.8$,那么能把车刹住的最短距离应为151英尺左右。但如果翻翻汽车杂志,上面给出的数字通常比这个小。比如:

车型	60英里/时到停止的刹车距离(英尺)
福特雷鸟	123
奥迪 A8L	124
凯迪拉克赛威 STS	119
雪佛兰科迈罗 SS	120
福特 SVT 野马眼镜蛇	121
宝马 540i 运动版	121
雷克萨斯 GS 430	115
梅赛德斯-奔驰 E430 运动版	116
起亚锐欧	155
讴歌 TL	127
萨博9³(高性能版)	121
沃尔沃 S60	119

这些例子显然是理想状态下的数据。它们为什么会比我们的数据小这么多？当然，制动系统一直在不断改进，因此刹车片和轮胎的摩擦系数也在改进。这些数字仅仅是衡量该系数的一个指标。我们在计算过程中使用的 $\mu_s = 0.8$，但在现在的新车中，更高的数值也很常见。当然，如果要计算在这些刹车距离之下人体需要承受的重力，你就会发现数值都会接近1个 g 了。

刹车顺序

除了在刹车踏板上施加压力之外，还有几种因素与刹车息息相关。急刹车通常是从意识到危险开始的。你的脚冲向踏板并猛地踩下去，几秒钟之后车就停下来了。然而，如果我们细看其中细节，就会发现刹车的这一连串动作中包含着几个阶段，每个阶段都需要一定的时间。实际上，每个阶段所需的时间都可能非常短，但当你以60英里/时的车速行驶时，哪怕一小段时间也足够让车移动相当长的距离了。

首先，你要经历一段"惊慌时间"，即你意识到有危险的那一小段时间。你的脚会迅速地朝向刹车移动。这段时间的长度取决于你的反应时间。反应时间的差异很大，从0.3秒到1.8秒不等；只有训练有素的司机能将反应时间降至0.3秒以内。它还会受到司机年龄、健康程度、饮酒量与是否分心等因素的影响。依照驾驶人员能力的不同，反应时间连同惊慌时间可能会占到 1 秒钟乃至更久。不妨假设你是个厉害的"老司机"，这个过程只需要 0.5 秒。接下来需要考虑的是刹车响应时间，或者说制动系统的反应滞后，可能另需 0.3 秒。随后是压力恢复时间，需要 0.75 秒。全部所需因素均可见图 40。

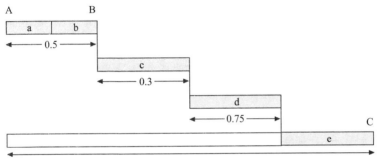

图 40 刹车顺序图

A 为意识到危险的起始点，B 为踩到踏板或刹车开始的时间点，C 为汽车停住的时间点；a 为惊慌时间，b 为反应时间，c 为刹车响应时间，d 为压力恢复时间，而 e 为最大制动效果起始时间；横跨底部的箭头显示的是刹车总用时

热机

我们通常不会把汽车看作热机的一种，但当汽车减速时，确实就具备了热机的属性。运动中的汽车具有动能，而根据第 2 章所述，其动能公式为

$$KE = \frac{1}{2}mv^2$$

此外，依据能量守恒，我们只能改变能量的形式。这就意味着如果我们想要让车停住，就必须消除其动能，唯一的方式就是将其转化成其他形式的能量。这里所谓的"其他"形式通常是热能。当我们踩下刹车踏板时，就在刹车片及制动器的其他部分产生了大量的热。

假设我们的车以60英里/时的速度行驶，它具有多少动能？对一辆重2500磅的汽车进行简单计算可得：

$$KE = \frac{1}{2}mv^2 = \frac{1}{2}(W/g)\,v^2 = \frac{1}{2}(2500/32)(88)^2 = 302{,}500\ \text{磅力英尺}$$

1英国热量单位（BTU）是778磅力英尺，所以我们的车具有389个BTU的动能。也就是说我们必须在车停下之前消耗掉389个BTU的热能。如上文所述，当刹车作用并产热时，需要借助流经的空气进行冷却。当然，这些热量也会使车轮升温。对于一般的制动过程，其热量约为350华氏度，但若被迫进行大量制动，则温度可升至500~800华氏度不等。

除非跑山区路线的卡车司机，一般人不会过分担心制动系统过热，但有时确实是个麻烦。一次，我们开着房车从山上的露营地下来，途经许多弯道。在下山的过程中，我注意到刹车有点不对劲。下车检查之后发现，果然它们已经烫得咝咝作响，确定是出了问题。我不得不多次停下车，让制动系统缓一缓，最后才得以一路开下来。

刹车片

当然，摩擦对于路面与轮胎的接触面来说非常重要，同时对刹车片或制动垫片来说亦然。不同的刹车片或制动垫片之间的摩擦系数有很大不同，小客车的刹车片摩擦系数通常在 0.25 到 0.35 之间。若摩擦系数小于 0.15，汽车的制动力就会很差；若高于 0.55，就会有刹车过猛的倾向。

决定刹车片质量的因素有很多，其中包括耐磨性、转子的磨损程度、刹车片寿命以及是否能安静运行等。所谓"耐磨"即指在刹车发热时出现的摩擦系数降低的程度。

刹车片中最重要的东西之一就是基础摩擦材料：提供摩擦力与耐热性的小型（有时相对较大）纤维。多数刹车片为金属的、半金属的或合成的。石棉曾一度常见于刹车片，但现已不再使用。多数现有的刹车片的科技含量很高，并含有多层摩擦层及碳金属材料。较新的材料可更好地刹车，防止制动失效，减少制动脉冲，消除制动噪声，减少制动粉尘，并有较长的刹车垫片及转子寿命。

轮胎牵引力与重量转移

想象一下，你正在参加今年最重要的赛车比赛，并即将驶入最后一圈。你一马当先，可最被看好的车手就在身后紧追不舍，对方离你只有几英尺远，你用余光都能看到他映在你侧窗上的倒影。只需再转一个弯就到了最后的一小段。你踩下油门，然后是刹车，但你过弯的车速稍有点快了。观赛的人群激动地集体起立。你感觉后轮开始打滑，不禁心里一空：坏了，失误了。就在你挣扎着重新控制汽车时，最被看好的那位选手超过了你。几秒后你冲过终点线——屈居第二。你不禁为没控制住轮胎的牵引力而暗暗责怪起自己来。

确实，牵引力很重要。它是一种衡量轮胎对地面的抓附程度的方法，牵引力取决于接地面，即轮胎与地面接触形成的一块大致呈椭圆形的区域。发生在轮胎与汽车上的一切都依赖于这块接触面。当然，随着轮胎的转动，这块区域在轮胎上的位置也在变化，但它的大小始终是一致的，假设轮胎是完全均匀的，那么这块区域的面积也是始终一致的（见图41）。

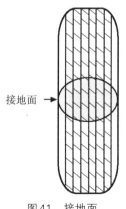

图41　接地面

若对轮胎施加一个力，大于其"附着力"或抓地力，轮胎就会开始打滑。我们可通过公式 $F = \mu W$ 来确定何时会发生这种情况。已知 $W = mg$，其中 g 为重力加速度。汽车的全部重量并非总是在轮胎上，重量转移也可由制动、加速或转弯引起。考虑到这些情况，我们将在此应用一个系数 x。由此 $W = xmg$。现在由力 F 可知，加速度 $a = F/mx$，由此可得

$$a_{最大} = F/mx = \mu W/mx = \mu xmg/mx，或 a_{最大} = \mu g$$

$a_{最大}$ 是轮胎在打滑之前所能承受的最大加速度，令人惊讶的是，它与汽车的重量无关。原因很简单，利用刚才的公式，可得出

$$F/W = \mu = a_{最大}/g = a_{最大}（用 g 为单位）$$

现在从你的车上卸下一个轮胎，并给它配上一些重量。假设这个重量为 100 磅。用一个弹簧秤来拖拽该轮胎直至将其拉动，并记录下秤上的读数。该读数即为 F，W 为轮胎重量加上 100 磅，取二者的比值，假设可得 $a_{最大} = 0.9g$。若轮胎上的配重改为 200 磅并进行相同操作，F 的值会改变，但比值依然会是 $0.9g$。可见，轮胎在打滑之前的加速度都是相同的。简言之，不论重量如何，它都会以相同的加速度滑动。实际上，这点只是大概正确，但对于我们的目标，这个起点算是不错。

根据上述信息，就可以给所谓的牵引圆下个定义（见图 42）。假设轮胎在 1g 的重力下滑动，我们可以画一个圆，其中一个方向为加速（踩油门），相反方向为制动（踩刹车），垂

直于二者的方向为（左右）转向。我们用箭头代表运动。由图42中的圆可见，若轮胎使用其全部可用的牵引力来加速或制动，就没有多余的牵引力可用于转弯。这时若试图转弯，就会出现打滑。相反，若在1g的极限值附近转向，就没有多余的牵引力用来制动或加速，这时若尝试制动或加速，就会出现打滑。正如我们将在第9章看到的，该牵引圆对于赛车手来说格外重要。

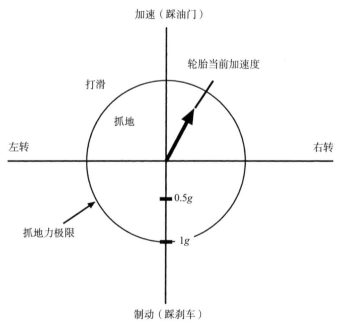

图42 牵引圆示意图。轮胎在圆圈内会抓地，在圈外则会打滑

　　打滑会导致车辆失控，因此十分危险。然而，在掌控范围内的少量滑动却可能很有利。轮胎在其滑移约20%时产生

的牵引力最大，因为此时胎面与路面的接触面是最大的（20%的滑动只会带来轻微的打滑痕迹）。可一旦滑动比率超过20%，驾驶员就可能无法控制车辆。

对驾驶员来说，同等重要的还有滑移角，这是车轮行进方向与胎面方向之间的角度差。前文我提到过公式 $F = \mu W$ 只是大体上正确，因为该公式仅适用于无弹性的轮胎，而我们都知道轮胎不是无弹性的，尤其是它们在力的作用下会产生相当大的形变，而这类变形会影响轮胎的滑移并产生滑移角。

由于轮胎有弹性，在拉伸与扭曲时会向车轮传递力，继而向汽车传递力。轮胎变形的方式有以下几种：首先是径向变形，即在轮胎接地面附近的侧壁上可见凸起；第二种是轴向变形，这种变形容易将轮胎拽离轮辋；第三种是扭转变形，即轮胎接地面从后到前的轴向变形差异；最后一种是轮胎周围的环向变形。所有这些变形都会对摩擦系数 μ 产生影响，从而影响 F 和滑移角。关于滑移角的详细内容，我们后面再深入讨论。

与打滑相关的另一个重要内容，就是前文提到过的重量转移。正如第 2 章所述，加速会将重量转移至车后胎，并使得前胎牵引力降低；制动则会令前胎牵引力增加，后胎牵引力减少。此外，向右转弯会导致右侧轮胎的牵引力增加，左侧的牵引力减少；同理，左转弯会令左侧轮胎牵引力增加，右侧减少。当轮胎上的重量被转移时，轮胎更容易打滑。例如，当后胎牵引力减少时，后轮就可能出现打滑，同时车辆后端向着一个方向滑动。这种打滑常与刹车的锁死有关。

前一章中我们推导出了一个计算重量转移的公式。利用该公式，我们可以计算出一辆重3500磅的汽车，在其围绕质心的前后质量分布为55%∶45%时的重量转移情况。在几种不同的加速度之下，车辆前后部的质量分布以及重量转移值分别为：加速度为0.2g，质量分布为59%∶41%，重量转移为132磅；加速度为0.4g，质量分布为63%∶37%，重量转移为264磅；加速度为0.6g，质量分布为67%∶33%，重量转移为397磅。

制动系统与液压装置

关于刹车、打滑和牵引力的内容就这么多了。下面咱们来考虑考虑制动系统自身。如前文所述，最早的汽车采用的是非常低效且危机四伏的机械制动器。20世纪20年代中期，液压制动器的问世算是对机械制动器的重大改进。它的出现大大缩短了刹车距离。液压制动器的优势是，每一片刹车垫片上的力都是一致的，所以车辆左右两侧的制动能力相同，能帮助你把车辆平稳、笔直地停好。

整个制动系统由刹车片、盘式制动单元、通往制动器的制动管路以及主缸组成。制动管路从主缸至车轮，这些管路通常由钢制成，靠近车轮的部分除外，由于车轮的运动属性，这部分管路由强韧的柔性材料制成（见图43）。

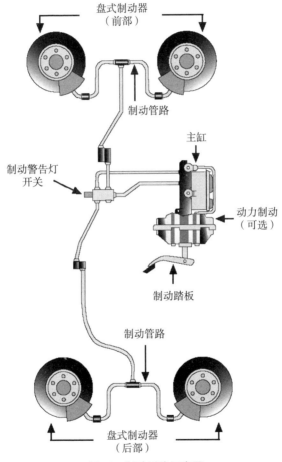

图43 制动系统示意图

当踩下刹车踏板时，主缸（基本可以看作液压泵）就会给制动液加压，并通过空心钢管将其送至车轮。最初会有一个阀门降低前轮制动器的压力，以便后轮制动器比前轮制动器稍早开始制动。系统中的液体受到压力，且该压力被施加于制动钳中的小活塞上。于是刹车垫片按压转子，由此产生的摩擦力就会刹住车辆。

液压制动器依据的原理是由法国物理学家布莱斯·帕斯卡（Blaise Pascal）于1650年发现的。该原理因此得名帕斯卡定律：

施加于密闭流体之上的压力将维持大小不变地向各个方向传递，且作用于所有相等面积之上的力均相等。

在汽车中使用液压系统的主要原因是液体不可压缩，且能轻易流经复杂的路径。在系统一端施加的压力因而能在整个系统中不受影响地传递。要更好地理解这一点，不妨思考一个带有柱塞的小型圆柱体，柱塞之外是液体。假设柱塞底面积为4平方英寸，对其施加200磅力[1]。那么外部液体的压强是多少？压强与压力的关系由如下公式说明

$$p = F/a$$

其中：p为压强，F为压力，a为面积。这意味着在上面

---

[1] 磅力是力学单位，常用于工程中，有明确的物理定义，表示质量为1磅的物体在北纬45度海平面上所受的重力。1磅力＝4.45牛顿。——编者注

的例子中，压强为 200/4 = 50 psi^①。"psi"这个单位意为"磅每平方英寸"，并常用于水力学。有时会使用另一个单位"帕斯卡"（简称"帕"，或使用千帕，1 千帕 = 1000 帕斯卡）。这两个单位之间的关系为 1 psi = 6.875 千帕。

布莱斯·帕斯卡还发现液体可以用来传递运动。由于压强在整个流体中传递时大小不变，那么若我们在一个系统的某一点上将一个柱塞向下推 1 英寸，那么该系统内另一点上的一个面积相同的柱塞也应该被下压 1 英寸（见图 44）。

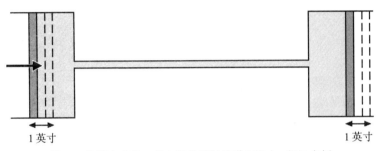

1 英寸　　　　　　　　　　　　　　　　　　　　　　　　　1 英寸

图 44　帕斯卡定律。若左侧柱塞被推进 1 英寸，假设右侧
柱塞尺寸相同，则该柱塞将发生等量移动

若我们改变第二个柱塞的尺寸会怎样？假设有一个直径为 1 英寸的柱塞，那么其面积为 πr^2 = 3.141 × (0.5)^2 = 0.785 平方英寸，若将其推进 1 英寸，则这部分体积为 0.783 立方英寸。换言之，有 0.783 立方英寸的液体被移出。若第二个柱塞的直径为 0.5 英寸，则其面积为 0.154 平方英寸，那么该柱塞应该

---

① 压强计量单位，1 psi = 6.895 千帕。

被推进的距离为0.785/0.154 = 5英寸。

我们还可以在封闭系统中改变柱塞上的压力。设想一个如图45所示的具有三个柱塞的系统。A柱塞的面积为1平方英寸，B柱塞的面积为0.5平方英寸，而C柱塞的面积为2.5平方英寸。若在A处施加100磅力，用公式$F = pa$可得，在B处的压力应为50磅力，而C处的应为250磅力。然而，请注意，压力作用的距离在每种情况下都不相同。C处的压力为250磅力，但该压力的作用距离仅为A柱塞处作用距离的1/2.5。

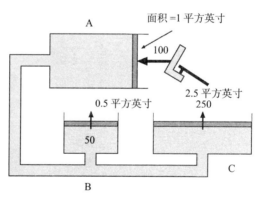

图45　不同型号柱塞的帕斯卡定律示意图

盘式制动

汽车上常用的制动器分为盘式制动器和鼓式制动器两种。部分车辆仍在前部采用盘式制动，在后部采用鼓式制动，但越来越多的车辆正在逐步取消鼓式制动器。它们将成为历史，于是此处不多谈。

在盘式制动器中, 制动垫片在制动过程中被挤压到金属转子上。制动器主要由一个扁平的随车转动的圆盘形金属转子, 以及安装在上面的制动钳构成。当制动钳迫使制动垫片抵住正在旋转的圆盘两侧时, 制动就发生了 (见图46)。

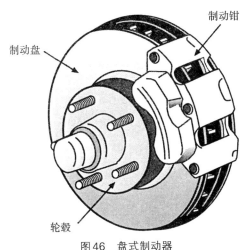

制动钳

制动盘

轮毂

图46　盘式制动器

制动钳由一个或多个活塞以及制动垫片构成。每当踩下刹车时, 制动液流向制动器, 并推动活塞, 活塞反过来迫使垫片紧贴制动盘或转子。制动钳分为两种: 固定式和浮动式。固定式制动钳相对于制动盘保持固定, 且制动盘两侧均有活塞。当踩下刹车时, 两边的垫片都会被压到转子上。

第二种即浮动式制动钳, 相较于固定式制动钳应用更加普遍。事实上, 固定式制动钳已很少使用了。浮动式制动钳中通常只有一个活塞，位于转子的一侧。当踩下刹车时，垫片通过活塞被压在转子的一侧。但与此同时，由于整个制动钳可以移动，另一侧的垫片也会被拉向转子。

盘式制动器优劣势并存。由于是风冷的，它们相较于鼓式制动器温度要低得多，但通常需要使用动力助推器。

防抱死制动系统（ABS）

防抱死制动系统（antilock braking system, ABS）是为防止制动器锁死时发生打滑而设计的。在大多数情况下，该系统会助你安全刹车。20世纪60年代末，该系统首次用于汽车，到80年代中期已十分普遍。现在它已是许多新车的标准配置。

该系统并不一定在所有类型的表面上都能令刹车时间更短。在干燥的混凝土路面上，常规制动系统与ABS系统的刹车效果相差无几。但在潮湿或结冰的路面上，轮胎失去牵引力时，使用ABS刹车就要快得多，而且更重要的是，该系统通常能让你保持住对汽车的掌控。

ABS的工作原理是监测车辆每个车轮的速度。它能确定哪些轮胎正在正常转动，哪些出了问题——换言之，它能判断出哪些轮胎具备牵引力。若某个轮胎失去了牵引力，ABS系统就会松开那个车轮的制动，直至牵引力恢复正常。

ABS系统的核心为电子控制单元（electronic control unit,

ECU）。某种意义上，它是这个系统中的计算机。它接收来自安装在车轮上的电子传感器的信号。若车轮转速突然下降，ECU 会降低该车轮的制动液压，它同时监控四个车轮。在车中踩下制动踏板的人会感觉到踏板有节律地跳动，这是由液压反复停止和起动导致的。这种类型的跳动或脉冲每秒最多可发生 15 次。

ABS 系统启动期间，在制动踏板上维持稳定的压力是非常重要的。在发生打转或滑动的情况下，我们曾经惯于使用"点刹"，即一踏一放地踩制动踏板，不过现在已经不再需要这样做了，ABS 系统能帮我们做到这一点。

对现代汽车而言，ABS 系统是一种非常有价值的补充，但它也不是万能的。超速、急转弯和猛踩刹车依然可能会导致打滑，所以 ABS 并非能防止一切打滑。事实上，在激活 ABS 系统之前，通常会出现打滑现象。不过它确实能够大大缩短刹车距离，并帮助人们控制车辆。

第6章　弹簧加齿轮：悬架系统与变速器

在电影《剑鱼行动》（*Swordfish*）[①]中，约翰·特拉沃尔塔（John Travolta）[②]被乘坐黑色林肯"领航员"（Lincoln Navigators）的敌方特工穷追不舍。他驾驶的则是一辆锃亮又时髦的蓝色TVR"托斯卡纳"（TVR Tuscan），这款跑车来自英国布里斯托尔一家相对较小的汽车制造商。在这场让人血脉贲张的追车戏里，特拉沃尔塔凭着机智险胜"领航员"车队，害得其中一辆"领航员"划破长空，来了个原地前滚翻，

[①] 《剑鱼行动》为2001年上映的动作惊悚片，由多米尼克·塞纳执导，讲述由约翰·特拉沃尔塔扮演的特工人员与哈莉·贝瑞扮演的女搭档联手抢夺美国政府非法收缴的赃款并躲避追踪的故事。

[②] 约翰·特拉沃尔塔为好莱坞著名男影星，生于1954年，曾因在1970年代末期的《周末夜狂热》（*Saturday Night Fever*）和《油脂》（*Grease*）等一系列歌舞片中展现出众的迪斯科舞技而红极一时，并获奥斯卡提名，后于1990年代凭借出演《低俗小说》（*Pulp Fiction*）、《变脸》（*Face/Off*）等知名犯罪片再度获得肯定。

最后重重跌落在一家餐馆的屋顶上。最后特拉沃尔塔的车被子弹打成了筛子，但他自然是毫发无损地逃脱了。要完成如此神乎其神的特技演出，车辆必须具备优秀的悬架系统。毕竟，在日常驾驶中避无可避的颠簸与碰撞，都是悬架系统在帮你缓冲。即使大部分人生活中都碰不到这么极端的驾驶情况，悬架系统仍然是车辆至关重要的一部分。它连接着车轮与车身，除了让驾驶更平顺，还使操控车辆变得更加安全。本章我们将探讨悬架系统与变速器。变速器将动力从发动机传送到传动轴，并最终传送到车轮上。

悬架系统

几乎人人都曾体会过，行车经过满是坑洼的道路时颠得昏天黑地的感觉。通往我的度假小屋的路就是碎石铺就的，路面宛如"搓衣板"，有时候我不得不把速度放慢到近乎停下来，才能减缓颠簸——这还是在拥有了现代悬架系统的情况下。不妨想象一下，假使没了这套系统情况得有多糟糕。所幸，我们大部分时间都行驶在平坦的高速路上，至少是在没那么坑洼不平的路面上。但完全不颠的路面几乎没有，若不是有了悬架系统，我们肯定就会非常强烈地"路感不平"。

悬架系统为驾乘带来了舒适性，但其重要之处可不止于此：它们能确保车辆的四个车轮始终与地面相接触。如果车轮都被牢牢固定在车底盘上，其中至少有一个会在任何时间内都接触不到地面，这种情况当然是十分危险的。

行驶过程中，不可避免会时有震颤，但也并非次次令人不适。此外，驾乘舒适性还会受车身侧倾、车体俯仰和急行颠簸等其他因素的影响。如果车身在转弯时过度侧倾，或在加速时急向后仰（蹲踞），或在刹车时车头向前冲（俯冲），驾乘体验就会相当不适。但通常被人诟病最多的，还是车辆的震颤，因为震颤常常是连续的。然而，所有的振动频率其实并不至于都把人弄痛，多数人还认同60~90次/分的振动频率算是舒适的。无疑，因为这个范围的频率与常人步行时的频率接近，是人体最为熟悉的一种振动。另一方面，每分钟30~50次的振动频率则会导致许多人晕车，而更高频率的振动环境，比如每分钟200~1200次让人感到剧烈的不适。头颈部对于每分钟1000~1200次的振动频率尤为敏感，而如此高频的振动通常是由轮胎或车轴的振动引起的。

上文给出的振动频率都是针对上下振动，但车中同样会发生左右颠簸，并且令人不适。奇怪的是，部分最令人难受的左右振动发生在每分钟60~120次的频率范围，恰恰是上下振动最令人舒适的范围。不过，左右振动并不像上下振动那般常见，且仅在车身翻滚或侧倾时发生。

汽车的振动与车中的弹簧息息相关。弹簧的"弹性"从极软到极硬，差异极大。为了让驾乘体验平稳而舒适，弹簧就需要相对软，但如果软过了头，车辆就要经历相当长的"垂直行程"了。所谓垂直行程就是弹簧在反复经历压缩与膨胀的过程中上下移动的距离。大量出现垂直行程会让汽车难以操控。装配软弹簧的车辆若转弯过快，车身便会出现相当严重的侧倾。此外，在紧急制动时，车辆还会出现强烈的俯冲，并在加速过快时猛烈蹬踣。因此，必须在弹簧软度上做出妥协。其硬度必须要令车辆容易操控，但同时又得足够柔软，以确保驾乘舒适。

虽然悬架系统必须提供舒适性，但其职责还远不止于此。它必须使车轮和车胎都保持直立，确保轮胎胎面与路面的接触面积在任何时候都保持最大。此外，汽车车身在任何时候都应尽量保持直立。这意味着当车辆急转弯时，悬架系统应对那些容易使车身侧倾的力，做出适当抵偿。

悬架系统的工作十分复杂，因为前轮和后轮通常各自行使着不同的功能。除前轮驱动的车辆外，一般后轮与车辆驾驶相关，而前轮通常与转向相关。由于这样的安排，前轮有更为复杂的悬架需求。

其中一个复杂的因素被称为"阿克曼效应"（见图47），该效应以鲁道夫·阿克曼（Rudolph Ackermann）命名。19世纪初，他因设计了能够抵消该效应的系统而在英国获得了专利。汽车的两个前轮之间有一定距离，转弯时，内侧的前轮会比外侧前轮的转弯角度更大。这是因为内外侧车轮各自围绕一个圆转动，而内侧车轮围绕的圆半径更小。这两个车轮之间的转向角度之差被称为"阿克曼角"，当车轮转弯越急，这个夹角就越大。在小角度转弯时，这个差值通常意义不大，但在大角度转弯时，这个夹角至关重要，并且必须抵消掉。几种相对简单的转向校正机制可以抵消。大部分情况下，它们无法抵消所有转弯角度，但轮胎与转向部件中的空隙弥补了未被抵消的转向角度。正如前文所述，轮胎在汽车转向时会大幅变形，悬架系统内部的许多连接处都使用了橡胶固定件，也十分奏效。

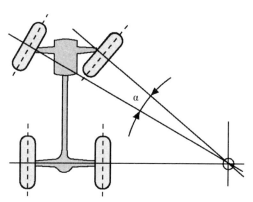

图47　阿克曼效应示意图。内侧前轮的转向角度大于外侧前轮

连接：车轮连到车身上

我们将汽车的车身称为簧载系统，车轮、悬架连杆以及悬架系统的其他部件则为非簧载系统。本质上，非簧载系统

在弹簧的靠近路面一侧（即簧下），簧载系统靠近另一侧（即簧上）。这意味着非簧载系统没有阻尼减震，并因此能直接对路面的不规整做出反应。当然，轮胎进行了一些缓冲，但这个量相对较小。另一方面，簧载系统通过悬架系统过滤掉了道路干扰。

为获得最大的舒适性及最佳的操控性，非簧载质量与簧载质量的比率应尽可能低。大部分情况下，簧下质量占到车辆总重的13%~15%。这意味着一辆3000磅重的车，其簧下重量约为450磅，而这450磅会直接对路面的不规整做出反应。其所产生的力会对乘坐与操控汽车造成不良影响。

保持比率低的一个方法是使用独立悬架系统——换言之，一个能让车轮各自独立运动的系统。这就意味着当一个车轮遇到颠簸情况时，其他车轮不受影响。车轮的独立性也很重要，可以确保四个车轮始终在地面上。现在的所有车辆均使用独立的前悬架系统，且其中少数车辆的四个车轮均有各自的独立系统。

我们不妨先简述一下悬架系统，从悬架系统与车轮的连接方式开始。这些连接件被称为"控制臂"，有几种不同的连接方式。最常见的一种是"双A臂式"，也叫作"双叉臂式"。在该系统中，两条控制臂呈字母"A"形状，一条安装于另一条上方（见图48）。在该类型的早期系统中，两条A臂长度相等且平行排布。这会导致车轮在转弯时向外倾斜，使得轮胎刮擦过度。不过，没过多久人们就发现使用不平行且不等长的控制臂会好得多。实际上，运用长度不等的控制臂，工程师能够设计出几乎可以无限掌控车轮运动的系统来。在两条控制臂中，上臂总是比下臂更短。控制臂尖端装有球形接头，使车轮能够旋转和绕轴转动。另一端使用橡胶套管，在两条A臂之间通常装有螺旋弹簧。

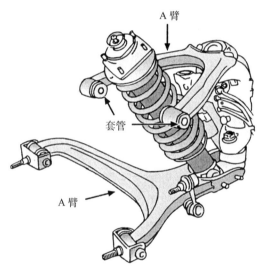

图48　双A臂式悬架

另一种常用的系统类型是麦弗逊悬架（见图49）。该系统由福特汽车公司的厄尔·麦弗逊（Earl MacPherson）于1945年发明，并在1950年款的英产福特汽车上首次使用。该系统中，双A臂系统中的上A臂被一个连接到车身结构上的高大的减震支柱所取代。在减震组件上通常装有一组螺旋弹簧。

该支柱立于从轮毂延伸出的基座上。麦弗逊系统相对简单，因此大受欢迎，然而它有一个缺陷，即支柱相对较长，需要配备较高的发动机罩和挡泥板。

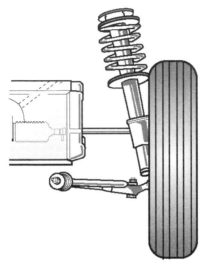

图49　麦弗逊悬架

最后，让我们来看看多连杆系统，该系统在现在汽车中越来越普及。该系统中由许多连杆或控制臂支撑着车轮。由于有多个连杆，该悬架系统可以进行高度调节，以便提供优越的操控特性。

计算机化悬架系统

在常规的悬架系统中，驾驶与操控的特性都是由设计师设定的，并且在极大程度上是固定的。然而，在部分系统中，这些特性可由驾驶者手动改变，或由计算机系统自动改变。这些所谓的电子系统，是以计算机为中心的。整个悬架系统中都设置了传感器，信息会被传输到计算机中。诸如俯仰、侧倾、汽车在路面上的高度、转向速率、转向半径以及车轮的角速度等均受到监测。在更为先进的系统中，计算机会检查数据并根据条件自动调整悬架系统。而在较为简单的系统中，通常唯一能做的就是在"软性"与操控性更佳的"硬性"两种驾驶模式之间切换，而且需要手动进行。

梅赛德斯－奔驰目前正在使用这类系统中较为先进的一种，称为"主动车身控制系统"（Active Body Control, ABC）。该系统中，悬架系统支柱中的可调节伺服液压缸①抵消了通常会转移到车身上的力。该系统可提供舒适性或操纵性驾驶模式，或选择介于二者之间的任何一种模式来驾驶；还可以对俯仰和侧倾进行若干调整。十三个传感器负责向计算机发送信息。随着这种系统的成功，大多数其他汽车制造商都在研发类似的系统，这类系统在汽车中普及只是时间问题。

---

① 液压执行装置是指将液体压力能转换为机械能的液压装置。实现直线往复运动的液压执行装置称为液压缸。含有伺服随动系统和反馈系统的液压缸，一般称为伺服液压缸。伺服液压缸是大型液压试验系统最常用的类型。——编者注

来点儿"摇滚"

汽车转弯时会受到一个令其侧倾的向心力。当你用绳子拴住一颗球并抡着它转圈时，你的手就会感受到这股力。它可被轮胎与路面之间的摩擦力抵消掉。当汽车受到向心力时就会发生倾斜，而倾斜程度要取决于悬架系统如何将向心力最小化。

这种倾斜俗称滚动，是绕着翻滚轴发生的。对大多数汽车来说，确定这个轴的位置相对容易。第一步是确定前轮的侧倾中心（见图 50）。两类悬架系统的确定程序有所不同，所以我先来说说双 A 臂式系统。这个系统中有两条控制臂，它们能以各种角度倾斜。假设其倾斜程度如图 50 所示，图中只是数种可能性中的一种，但能够阐明该技术。若如图所示用虚线为两条控制臂做延长线，它们将相交于叫作瞬心的一点上。这一点之所以叫作瞬心，是因为它的位置会随悬架系统被压缩或抬升而发生变化。但是对于我们的目的不会产生影响。每个车轮都存在一个这样的中心点。现在从轮胎底部画一条经过瞬心的线，并在另一侧轮胎处也画一条这样的线，这两条线相交的点就是侧倾中心。车轮就是绕着这个点发生侧倾的。

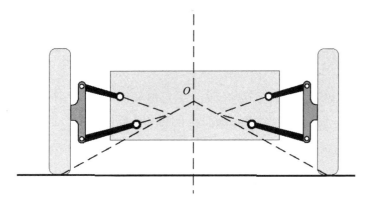

图50　侧倾中心的确定方式。在该例子中，中心位于地面上方的"O"处

在实际操作中，侧倾中心可以落在任何地方。大多数情况落在如上述例子所示的地面上方，但它也可能水平于地面（两A臂平行时就可能出现这种情况），也可能会落在地面以下（见图51）。

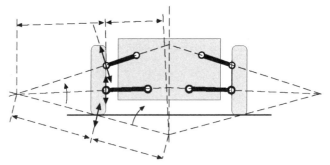

图51　不同A臂角度的侧倾中心示意图。此次侧倾中心位于地面以下

对于麦弗逊系统来说，由于没有上A臂，所以必须换个方式来确定侧倾中心的位置。在这种情况下，我们像之前一

样使用下 A 臂的角度，但此时还需要一条垂直于弹簧轴的线作为第二条线。这次一样为两条线做延长线，直至两线相交于一点，然后从轮胎底部画一条线到达该点。

前轮和后轮都有侧倾中心，且通常位于不同的高度。大多数情况下，后轮的侧倾中心会更高。为确定我们一开始就想确定的汽车翻滚轴，如图 52 所示，在前后轮的侧倾中心之间画一条线，汽车在转弯时将以此为轴滚动或发生侧倾的。

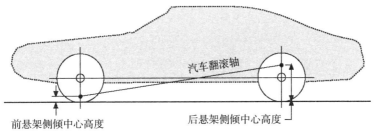

汽车翻滚轴

前悬架侧倾中心高度　　　　后悬架侧倾中心高度

图 52　车辆翻滚轴示意图

不难理解汽车在转弯时会受力，但为什么车身一定会侧倾或滚动呢？发生滚动需要力矩。我们来仔细看看，前文讨论过汽车的重心。重心就是汽车全部重量的作用点，总的来说，它与汽车的侧倾中心不在同一点上。由于向心力作用在重心上，而扭转力是绕着侧倾中心作用的，所以确实存在一个力矩。请注意，该力矩的力臂是两点间的垂直距离。这个力矩被称为倾翻力偶或扭转力矩（见图 53）。

综上所述，倾翻力偶导致围绕侧倾中心出现的侧倾现象，由此产生的扭矩作用到弹簧上，压缩了弹簧。由此产生了两个力——其中一个力导致车身倾斜，另一个力对抗这种倾斜。由于这两个力并不完全相等，所以还是会有一些倾斜，但十分轻微。导致这种轻微倾斜的扭矩被称为合力。

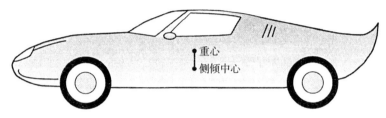

图53　在侧倾中心和重心之间的扭转力矩

　　正如前文所见，翻滚轴可以朝向车头下方倾斜，也可以朝向车尾下方倾斜，而汽车的操控特性将取决于具体是这两种情况中的哪一种。若是朝向车头方向倾斜，车前轮将有较大的牵引力，后轮上则牵引力较小，这种情况下就会出现转向过度；若是朝向车尾方向倾斜，则后轮牵引力会相当大，前轮牵引力将较小，就会出现转向不足。

　　悬架系统中的另一个重要部件就是稳定器（stabilizer）。本书中我们只探讨其中一种类型，即稳定杆。它连接着汽车的两个前轮或者后轮（或同时连接），作用是防止车辆在转向时过度倾斜。稳定杆并不影响悬架系统本身，只在车辆一侧的垂直运动超过另一侧时才会产生影响。这种情况发生时，稳定杆会施加一个反向的力，从而限制倾斜。稳定杆还会降低侧偏力和轮胎的附着力。

最后，我们来看看位于控制臂上的枢轴。在急刹车时，汽车有俯冲（车头端降低）的倾向，而突然加速时车身则会蹲踞（即车尾端降低）。枢轴则有反俯冲和反蹲踞的配置，能抑制住这些趋势。

设计工程师在关于侧倾的问题上最关注的是所谓的侧倾刚度，也就是悬架系统在试图将车身拉回正常直立位时施加的扭矩。对于给定的侧向力，侧倾刚度取决于侧倾中心的高度、弹簧刚度和稳定杆的效果等因素。工程师可通过改变这些参数来改变车辆的侧倾刚度。

现代汽车的悬架系统各不相同。表6列出了几种代表性车辆的使用情况。

表6　几种2002年款车型的悬架系统

车型	悬架系统类型（前/后）
福特福克斯ZTS	控制臂（A）、螺旋弹簧、减震器、稳定杆/多连杆、螺旋弹簧、减震器、稳定杆
奥迪A8L	多连杆、螺旋弹簧、稳定杆/多连杆、螺旋弹簧、稳定杆
凯迪拉克赛威STS	电子控制麦弗逊支柱、螺旋弹簧、稳定杆/多连杆、螺旋弹簧、电子控制减震（缓冲）装置、稳定杆
宝马540i运动款	麦弗逊支柱、螺旋弹簧、稳定杆/多连杆、螺旋弹簧、稳定杆
雷克萨斯GS 430	上下控制臂（A）、螺旋弹簧、稳定杆/上下控制臂、螺旋弹簧、稳定杆
道奇层云ES	上下控制臂、螺旋弹簧、稳定杆/多连杆、螺旋弹簧、稳定杆
本田雅阁EX	上下控制臂、螺旋弹簧、稳定杆/多连杆、螺旋弹簧、稳定杆

为了"减弹"加弹簧

对任何悬架系统来说，弹簧都是关键部件。不论钢板弹簧还是螺旋弹簧都在悬架系统中得到使用，但本书只研究螺旋弹簧。弹簧常数是与任何弹簧都相关的常数，通常用k表示。它作为度量弹簧刚度的标准：k值高代表弹簧较硬，k值低代表弹簧较软。其关系式为

$$F = kx$$

其中：F为施加于弹簧的力，x为弹簧被拉伸或压缩的距离（见图54）。举例来说，假设一个200磅重的人坐在汽车内，将汽车的弹簧压缩了2英寸，其弹簧常数k为

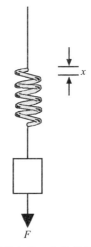

图54　固定于弹簧上的重物将弹簧拉伸了一段距离x

$$k = F/x = 200/2 = 100 \text{ 磅} / \text{英寸}$$

当汽车的轮胎碰到障碍物时，弹簧会受到力的作用而发生振动。实际上，弹簧是以一定的频率振动，且要计算出这个频率并不难。这个周期 T，即弹簧完成一次完整振动的时间，可由以下公式得出

$$T = 2\pi (m/k)^{\frac{1}{2}}$$

为了说明问题，再次假设那个 200 磅重的人像上次一样压缩车内的弹簧，而汽车的重量为 2500 磅。我们确定 k 为 100 磅 / 英寸，由此可得

$$T = 2\pi (2700/3200)^{\frac{1}{2}} = 5.77 \text{ 秒}$$

振动的频率 v 为 $1/T$，因此我们得出频率为每分钟 10 次。

在实际情况中，你在车内感受到的振动频率不仅仅由弹簧决定。弹簧连接着各种悬架连杆，所以我们必须要处理系统整体的问题。整个悬架系统应对重量进行压缩的比率称为静挠度，正是这个比率决定了车辆固有频率。设计工程师必须了解这个频率，因为需要避免该频率发生。如果车轮经过凹凸不平的路面时的频率与共振频率一致，则悬架系统不仅不会吸收路面的颠簸，反而会将其放大。

悬架系统的固有频率可通过如下公式求出

$$f_n = 188/d_s$$

其中：d_s 为静挠度，单位为英寸，f_n 为每分钟振动数。不论颠簸与共振频率一致或接近共振，一旦悬架被压缩它就会

继续振动，若允许这种情况继续下去，驾乘体验就会非常不适。这些振荡显然必须尽可能快地减弱，这就是减震器的工作。

吸收冲击

在每个车轮附近的减震器对弹簧进行减震时，振荡会持续一个周期或更短时间。减震器有几种不同的类型，但一般来说会包含紧贴于充油缸内部的活塞。当汽车遭遇路面的车辙和颠簸时，活塞在缸体内上下移动，由于充油缸与车身相连，汽车保持相对静止。当活塞在缸体内部移动时，阀门使得燃油从活塞的一侧流至另一侧。活塞上有小孔或阀门，于是可以调节燃油从其一侧流至另一侧的速度。活塞运动的速度取决于阀门的大小。大阀门使活塞运动加快，小阀门则使其减缓。

变速器

变速器中布满各种齿轮与齿轮组，算是车中最复杂的部件之一了。它负责向后轮输送动力，是动力传动系统的主要组成部分。变速器有手动与自动两种类型。如今大部分汽车都采用自动变速器，因此本节的大部分内容也将围绕着自动变速器展开。使用手动变速器时，需要手动操作换挡器来选择挡位，齿轮的连接与啮合则要依靠离合器。而在自动变速器中，一切都是自动完成，离合器则被液力变矩器取代。

变速器总的来说是一种扭矩传递和倍增的装置，具有倒挡，可用于制动。变速器通常位于发动机的正后方（某些情况下位置会更靠后）。对于大型卡车来说，通过变速器制动是非常重要的，尤其是在下坡时。不用问，你一定曾与一边驶下陡峭的山坡一边挂挡减速的卡车擦身而过。

发动机是车辆中产生扭矩的主要设备。活塞使曲轴旋转，由此产生的扭矩输送给后轮。由于行驶中的汽车会遭遇多种不同情况，这种扭矩无法直接传递到后轮。比如，若发动机负载过大无法及时处理，汽车就会熄火。变速器可以通过增加扭矩来克服这类问题。

发动机扭矩无法在所有驾驶条件下驱动车辆，其中一个原因是发动机的工作性质所致。图55展示了一个典型的发动机扭矩与转速的关系图。我们可以看出，最大扭矩并非如预想中出现在转速最高时；相反，达到最大扭矩时，发动机转速约为最大值的50%~60%，这也对发动机性能有一定的影响。

发动机扭矩输出取决于几种因素。首先，它取决于发动机是否在负载下运行。在类似条件下，负载下的扭矩输出会更高。其次，发动机在任何时候只输出其所需的扭矩。最后，如前文所见，若负载过大，发动机会熄火。

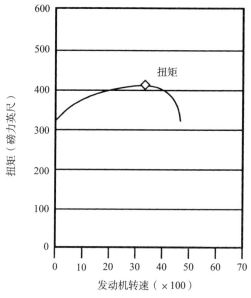

图55　扭矩与发动机转速关系图

　　发动机最大扭矩取决于几个因素，如汽缸大小、压缩比、活塞冲程和空气-燃料混合物浓度等。当踩下加速踏板时，一定量的空气-燃料混合物进入汽缸，并产生一个特定的扭矩。继续踩住加速踏板，空气-燃料混合物的浓度上升，输出扭矩增大，直至达到最大值。若对于此刻的扭矩来说负载过大，就需要增大扭矩，这时就轮到变速器出场了。它会调低挡位，反过来增大了扭矩。使用自动变速器的话，这一过程就是自动实现的。

　　让我们简单了解一下变速器的主要特性。变速器能提供几种不同的挡位区间，这是通过不同齿轮之间的齿轮传动比来实现的。自动变速器会根据发动机负载、转速和车速来选择合适的齿轮传动比。变速器内部是行星齿轮。这是一种特殊的装置，能获得多种不同的齿轮传动比，因此具备多个不同的前进挡位与一个倒挡。比如说，齿比为 3∶1 就意味着输出轴每转一周，发动机旋转三次。我们主要关注的是变速器输入与输出之间的总比率。

变速器是一种扭矩倍增器，但并不是唯一的一种。液力变矩器也可以实现扭矩转换；然而在使用液力变矩器时，会持续进行转换，因为液力变矩器可连续获得任何一种齿比比率。最后，与后轮相关的环形齿轮和小齿轮之间也有固定的齿比——通常在 3∶1 到 5∶1 之间。为求得总齿比，我们需将所有这些数字相乘。

齿轮及其运作原理

变速器内的齿轮为带齿的圆盘。要承受住施加于其上的压力，它们必须由优质钢材制成。构造最简单的齿轮上的齿是竖直切入的，但现在变速器中使用的齿轮，齿都是有切角的。这样能增加齿轮的强度，并能使运行更加安静。

当两个不同半径的齿轮相互啮合时，就产生了所谓的机械优势（mechanical advantage, MA）。其定义为

$$MA = 输出力／输入力$$

要想理解这个概念，最好的方法就是思考杠杆和支点的关系。如图56所示，假设向杠杆的一端向下施加一个力F_1，杠杆的另一端就会产生一个相当大的向上的力F_2。在诸如想搬动一块无法搬动的大石头时，我们就会使用这种方法将其撬起。如前文所见，扭矩在数学上的定义为力与力臂的乘积Fl，而在上面这样的系统中，我们可得出

$$F_1 l_1 = F_2 l_2$$

不妨假设l_1长度为l_2的7倍，而我们施加的力F_1大小为50磅，就可以求得提升的力为

$$F_2 = (l_1/l_2)F_1 = 50 \times 7 = 350 \text{ 磅}$$

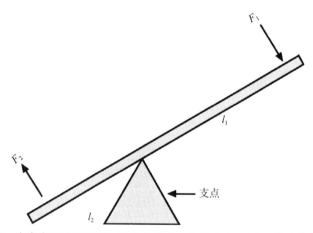

图56　杠杆与支点示意图。F_1为作用力，F_2为合力，l_1与l_2为力臂长度

让我们用这个逻辑对应到两个齿轮上。假设较大齿轮的半径为r_2，较小齿轮的半径为r_1。例如，r_1为2英寸，r_2为6英

寸。假设向较小齿轮施加100磅力英尺的扭矩，我们可以轻松求出施加在较大齿轮齿端的力的大小。由于扭矩为力与垂直距离的乘积，可得

$$T_1 = 100 = F_1 r_1 = F_1 \times (2/12)$$

得 $F_1 = 600$ 磅，其中：T 为扭矩（见图57）。

这个力被施加在第二个齿轮的齿端，即距离其中心点或支点6英寸处。因此较大齿轮的扭矩为

$$T_2 = F_1 r_2 = 600 \times (6/12) = 300 \text{ 磅力英尺}$$

因此，输入扭矩为100磅力英尺，输出扭矩（即较大齿轮的扭矩）为300磅力英尺。也就是说，与较大齿轮相关的扭矩为较小齿轮的3倍。因此（扭矩的）机械优势即MA为3。

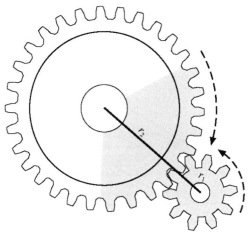

图57　两齿轮啮合示意图。其中一半径为 r_1，另一半径为 r_2

有个更简便的方法可以确定MA，就是数一下两个齿轮的

齿数。若较大齿轮的齿数为N，较小齿轮的齿数为n，则MA为N/n。举个例子，上文的例子中，若较小齿轮的齿数为8个，较大齿轮的齿数为24个，我们可以用24/8的比值来确定输出扭矩。

值得注意的是，在扭矩增加的情况下，齿轮的转速总会降低。比如较大齿轮的扭矩输出是较小齿轮的3倍，则较小齿轮的转速将会是较大齿轮的3倍。简言之，较小齿轮的每分钟转数将是较大齿轮的3倍。

行星齿轮组

如前文所述，变速器的主要组成部分是行星齿轮组。这是一种十分精巧、可提供多种不同齿比的齿轮组合。它能提供三个或更多的前进挡位和一个倒挡挡位。该系统得名于太阳系，因为与太阳系结构具有相似之处。位于中心的齿轮即为太阳齿轮，围绕它的是三个行星齿轮。行星轮与位于外部的环形齿轮或内齿圈啮合（见图58）。

这些齿轮在任何时候均保持相互接触，所以不存在手动换挡时频繁出现的齿轮摩擦现象。每个齿轮都位于各自的枢轴上，且三个行星轮由一个支架进行支撑。这些行星轮与一个内周有齿的环形齿轮或内齿圈相互啮合。

行星齿轮组可产生六种不同的齿比，以及一种直接驱动。通过让系统中的某个部件保持固定不变，并让某个齿轮负责输入，其他的负责输出，即可获得各种不同的齿比。对于直接驱动，即最高挡位，输入与输出齿轮必须速率相同。

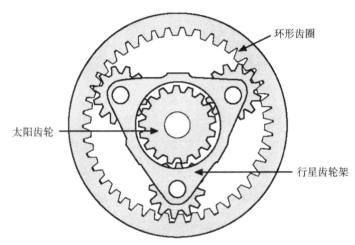

图58　太阳齿轮、行星齿轮架和环形齿轮组成的行星齿轮组

我不会把每种情况下的齿比比率都计算出来，但会用几个例子来进行说明。其余的情况各位可以自行计算。第一个例子，假设动力输入轴驱动环形齿轮，而太阳齿轮驱动动力输出轴。在这种情况下，行星齿轮架固定不动。要求出齿比，必须用输出齿轮的齿数除以输入齿轮的齿数。假设环形齿轮有40个齿，太阳齿轮有18个齿。我们可得

$$\frac{输出齿轮（太阳齿轮）}{输入齿轮（环形齿轮）}\frac{18}{40} = 0.45$$

比率为 0.45 : 1，这意味着输出扭矩小于输入扭矩，于是输出轴的转速将会变大。

第二个例子，假设输入轴驱动行星齿轮架，环形齿轮驱动输出轴。同样地，为求齿比，我们必须用输出齿轮齿数除以输入齿轮齿数。但在这次的情况下，行星齿轮架为输入，齿轮架是没有齿的，与其相关的齿数为环形齿轮与太阳轮的齿数之和。于是可得

$$\frac{输出齿轮（环形齿轮）}{输入齿轮（环形齿轮+太阳齿轮）} \quad \frac{40}{40+18} = 0.69$$

比率为 0.69 : 1。同样，若输入轴驱动环形齿轮，而齿轮架驱动输出轴，可得比率为 1.45 : 1。在这种情况下，扭矩增加，输出轴转速降低。其余情况的齿比也可用同样的方法求出。在这六种组合中，每种的齿比各不相同。

当然，这些齿轮必须固定在适当的位置，这是多片式离合器、单向离合器以及摩擦带作用的结果。它们利用液压将齿轮组中的一个构件固定住，这种液压通过包含几个液压阀的阀体输送至正确的固定元件上，并在该处形成变速器液体的液压。一般来说，它们被称为变速器的反应部件。

复合行星齿轮组

在实际操作中，汽车制造商通常会将行星齿轮组三个构

件中的一个固定在动力输出轴上，将齿比的数量限制在两个
前进挡位或一个前进挡位和一个倒挡挡位上。当然这还不够。
为克服其不足，他们将行星齿轮组进行组合，形成复合行星
齿轮组；换言之，就是将两个行星齿轮系统相互配合起来使
用。复合行星齿轮组有两种不同的设计：辛普森式齿轮组和
拉维娜式齿轮组。在辛普森式齿轮组中，两个行星齿轮组共
用同一个太阳齿轮；而拉维娜式齿轮组则包含两个太阳齿轮、
两套行星齿轮组，以及一个共用的环形齿轮。使用这些复合
式齿轮组中的任何一种，都可获得三个前进挡位加一个倒挡
挡位。

转换扭矩

　　液力变矩器会将扭矩从发动机转移到变速器上。它取
代了手动变速器中的离合器，并通过传动液（即变速器液
压油）旋转带来的液压压力进行操作。它可以根据发动机
的转速，自动将动力从发动机连接到变速器，或自动解除
发动机与变速器之间的动力连接。当发动机空转时，设备
周围的液体流量不足以传递动力；当转速增加时，液体流
量增加，从而在叶片之间产生液压压力，使动力流动。动力
从发动机传递到变速器的动力输入轴，并在那里与行星齿轮
结合（见图59）。

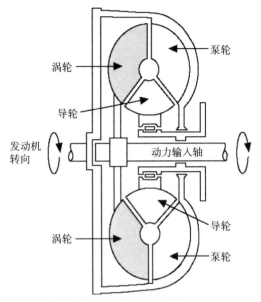

图59 含有泵轮、导轮和涡轮的液力变矩器横截面图

液力变矩器的主要部件为泵轮、涡轮、导轮以及盖板。盖板与发动机飞轮相连，并将动力从发动机传递至变矩器。泵轮由变矩器盖板驱动，并反过来驱动涡轮。涡轮连接着动力输入轴，此处可发生部分扭矩倍增。导轮有助于减少从泵轮到涡轮的液体流量，并配备了单向离合器，使其在扭矩发展到最大值期间保持静止。

泵轮驱动涡轮的方式就像一个通电旋转的电风扇，吹动另一个未通电的电风扇。泵轮和涡轮上都有叶片，并且都朝同一个方向运动。

液力变矩器在发动机与负载之间提供了渐进、平滑的连接。

无级变速器

为何各种齿比之间一定要呈现一种互不相连的离散状态？事实上并不一定。有一个系统就可以给出连续的任意齿比，该系统称为无级变速器（continuously variable transmission, CVT）。无级变速器由胡贝图斯·范·多恩（Hubertus van Doorne）于 1958 年发明，曾存在一些问题，但在过去的几年里，越来越多的汽车制造商正在对其进行认真研究。无级变速器于 1989 年首次用于富士斯巴鲁汽车（Subaru），并于 1996 年再次用于本田思域 HX（Honda Civic HX）。

不同于传统变速器，无级变速器不使用齿轮。取而代之的是一对用金属带连接、直径可变的钢质皮带轮。动力传动系统内部的计算机会根据车辆的要求选择出合适的齿比。该系统的优势之一是加速时十分平滑。此外，无级变速器已被证实能够节省燃油。

现在几乎所有主要汽车制造商都在研发无级变速器。奥迪 A4 和 A6、本田思域 GX 与 HX、本田洞察者（Honda Insight）以及土星 VUE（Saturn VUE）均计划使用无级变速器。

第7章　闷死个人了：气动设计

哇噢！一走进最新的车展主展厅，你会立刻眼前一亮。你迫不及待想一睹新款雷鸟（Thunderbird）的芳容。果不其然，它就在那儿了。天呐，这线条……是如此富有流线美。车头像一滴扁平化的"泪珠"，汽车的其余部分向后逐渐收窄，直至车尾低位的、精妙绝伦的挡泥板。巨大的弧面挡风玻璃可谓前所未见。确实，这算得一辆造型优美、设计绝佳的空气动力学汽车。

环顾展场地面上的其他车辆，你也觉得不过几年而已，它们都变得比之前的汽车更具流线型。如今的汽车确实远比几年前的车型更符合空气动力学原理，其中一个主要原因是符合空气动力学的车辆消耗的燃油更少。

何为空气动力学？对物理学家来说，它是物理学的一个分支，专门研究物体在穿过空气时与其周围空气之间的相互作用。全面了解空气动力学对于飞机飞行至关重要，近年来，它在汽车领域的重要性也逐步增加。汽车周围的气流所产生的力取决于几种因素：汽车的形状、空气与汽车的相对速度，以及汽车上的凸起物等其他事物。在低速行驶情况下，这些力通常很微小，但在高速行驶时，它们可能会严重影响汽车的性能。稳定性、轮胎牵引力和操控性都会受到影响，尤为重要的是，会影响燃油经济性。发动机动力必须要克服空气动力的消耗，这就需要靠燃油。

空气动力学家主要是对汽车的空气动力阻力感兴趣。空气动力阻力整体由五种不同的阻力构成：形状阻力、升力阻力、表面摩擦阻力、干扰阻力和内流阻力。稍后我会依次展开讲讲，此刻简要描述即可。形状阻力取决于汽车的造型或形态：空气流经汽车轮廓时的顺滑程度如何，以及如何从车尾部脱离车身。升力阻力是汽车底部和顶部压力差所产生的。表面摩擦阻力是由空气黏度产生的——换句话说，就是汽车附近各层空气之间的摩擦力。干扰阻力是由汽车车身上的凸起物引起的，而内流阻力则是流经车身的空气所导致的。

各种不同的力导致的阻力差异很大。按百分比来计算，我们可以假设一辆普通小客车的各项阻力占比如下：形状阻力55%、干扰阻力16%、内流阻力12%、表面摩擦阻力10%、升力阻力7%。

由于早期汽车的车速相对较低，人们对其中的空气动力学内容兴趣寥寥。但该领域的研究在德国率先引起重视，这使得德国在这方面领先其他国家十年之久。第一次世界大战期间，德国为测试战斗机建造了数个大型风洞。战争结束时，签订的条约命令禁止德国设计并测试新的飞机机型，因此他们决定使用这些风洞进行汽车空气动力学测试。结果取得了几项重要的突破。比如在1921年，埃德蒙·鲁姆普勒（Edmund Rumpler）推出了他的"泪珠车"（Tropfenwagen），其空气动力阻力不到当时大部分汽车的三分之一。然而，其乘坐体验却算不上舒适。1923年，齐柏林飞艇①公司的首席设计师保罗·贾雷（Paul Jaray）推出了"J形车"（指设计师贾雷的姓氏首字母J，而非汽车形状，见图60）。他证

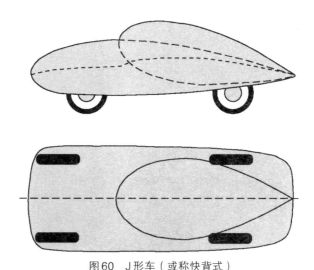

图60　J形车（或称快背式）

---

① 齐柏林飞艇（Zeppelin）是一种硬式飞艇，由德国飞船设计师斐迪南·冯·齐柏林伯爵于20世纪初以大卫·施瓦兹所设计的飞艇为蓝本发展出来。

实了这种背部逐渐倾斜的汽车的风阻仅为其他车型的一半。但这次的问题同样出在乘坐体验不够舒适上。然而，他的设计还是为20世纪40到50年代的几款经典快背式车型奠定了基础，其中就包括雪铁龙与保时捷。

在1935年底，德国的航空技术研究所取得了另一项重要突破。一位工程师当时正在测试一种尾部长且圆的车辆。由于对测试结果极不满，他在绝望之际砍掉了车尾。重新进行测试时，他惊讶地发现阻力问题得到了改善：那个车尾似乎并不影响测试结果。几乎与此同时，斯图加特的乌尼巴尔德·卡姆（Wunibald Kamm）博士从理论和实践两方面均证明了形状圆钝的尾部可减少整体阻力。我们现在以卡姆的姓氏命名这种类型的车辆，称为"K形车"（见图61）。

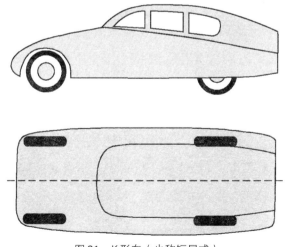

图61　K形车（也称短尾式）

　　紧随德国之后，法国和意大利也在20世纪20年代初开展了类似的研究。但美国直至20年代末才行动起来。最开始的部分研究工作是在位于密歇根州的底特律大学完成的，其中最有趣的一项研究结果是由 W. E. 莱（W. E. Lay）获得的。他证明，若汽车前端的形状设计不合理，则车尾部的形状就毫无意义了。他对一个带轮方形盒子的阻力进行了测量，随后将盒子的四角磨圆，令其流线型化，然后他惊讶地发现，盒子的阻力已经降到之前的一半。

　　克莱斯勒公司在20世纪30年代开始关注汽车空气动力学，福特公司则要稍晚一些。但在小客车方面并未见有什么显著的研究成果。当时这些公司的主要兴趣在赛车上。赛车手斯莫基·尤尼克（Smokey Yunick）是最早将空气动力学纳入考量的人之一。他认识到车身底部会产生相当大的阻力，于是在车底面上安装了一个导流板。这次改装太成功了，直接导致美国改装赛车竞赛协会（National Association for Stock Car Auto Racing, NASCAR）[1]的官员立即对其下达了禁令。尤尼克随即开始寻求其他优势，很快其他车手也开始追随他的脚步。克莱斯勒开始用风洞测试其赛车，并最终研发出了"挑战者500"（Charger 500）和"道奇代托纳"（Dodge Daytona）车型。由于太过成功，其余人也纷纷效仿。

---

　　[1]　美国改装赛车竞赛协会，俗称"纳斯卡"，至今为美国规模最大也最受认可的赛车竞速团体，旗下有三大系列及多种竞速赛事。

小客车空气动力学

尽管偶有针对小客车进行的零星测试，但直到20世纪60年代，都没有一家大型汽车制造商对其相关的空气动力学太过关注，毕竟当时的油价十分低廉。硕大的尾翼、挡泥板和又高又笨的发动机罩风行一时，而且因为他们靠卖车为生，所以没人想要当这个"出头鸟"。但风洞实验很快就证实了大号的挡泥板和车尾翼完全不符合空气动力学，汽车制造商也意识到这样越来越耗油。但真正迫使他们采取行动的，还是20世纪70年代初的那次石油危机。

如何测试一辆车的空气动力学性能？事实证明，一切都取决于一个简单的数字，即阻力系数（coefficient of drag，以c_d表示）。掌握了这个数字，相当于掌握了汽车空气动力学的大部分知识。我们暂且把如何计算这个系数的细节留到下文再说，但我们必须搞清楚，它在汽车方面能给我们什么启示。

阻力系数取决于一个扁平的正方形薄板所受的阻力大小，其在风中的c_d值为1.00。早期人们假设此为最大值，但后经证实，其他形状造成的c_d值可能更大。早期汽车的c_d值通常为0.7，多年来逐渐下降，直至如今最低可低于0.3。作为一份内容粗略的指南，我们不妨说，若一辆车的c_d值为0.5，则该车的空气动力学性能不佳；若c_d值为0.4，则其空气动力学性能中规中矩（但在今天来说一般是不及格了）；0.3 或更低的 c_d 值则意味着空气动力学性能优良。

在 20 世纪 80 年代中期，汽车的 c_d 值范围在 0.3 到 0.5 不等。奇怪的是，一些顶级豪华轿车的 c_d 值反而最高。克莱斯勒"第五大道"（Chrysler Fifth Avenue）的 c_d 值为 0.48，而奥迪 500S 的 c_d 值则为 0.33。整个 20 世纪 90 年代，最低 c_d 值并未显著降低，而最好的车型仍维持着 0.3 左右的 c_d 值。主要的区别是，现在有更多的车款能维持在这个范围内。到 1921 年，鲁姆普勒的"泪珠车" c_d 值仅有 0.28，着实令人惊诧。

随着燃油经济性问题越来越受关注，空气动力学设计正逐步占据人们关注的焦点。例如有人指出，c_d 值每增加 10%，油耗就会升高 5%。也就是说，若大部分汽车的 c_d 值从 0.4 降至 0.3，全美国的耗油量就会降低 10%，相当于节省了数百亿加仑的燃油。

现代汽车的 c_d 值是什么水平呢？它们不会像马力、扭矩或从静止加速到 60 英里/时所需的时间那样被广而告知，但汽车制造商确实偶尔会公布出来。这里有一些数据可供参考：捷豹 X 型 2.5 Sp 的 c_d 值为 0.33；2000 年款马自达 MBV ES 为 0.34；2002 年款奔驰 C32 AMG 为 0.27；奥迪 S4 amt 为 0.32；2002 年款英菲尼迪 Q45 为 0.30；本田洞察者为 0.25。

当然，以上这些都是流线型的小客车或跑车。道路上的许多车辆属于运动型多用途车（SUV）或卡车，它们的 c_d 值就要高得多了。大部分情况下，这些车的 c_d 值不会被公布出来。

汽车上的流线与气流

汽车上方的一小段气流被称为流线，一系列流线则称为空气流谱或气流模式。该模式取决于汽车的形状以及汽车驶过空气的速度如何。若使用烟雾等不透明的气体，就可以在风洞中看到空气流谱。

汽车周围的流线是非常复杂的。在汽车的前部，线条通常依照汽车轮廓形成，但也会被从中劈开，分为两半。其中尤为重要的是空气的内摩擦或黏度。法国的让·勒朗·达朗贝尔（Jean LeRond D'Alembert）已于1744年证实，若空气黏度为零，物体表面就不会受到切向力的作用，因此在空气与物体之间就不会发生力的交换。换言之，空气动力将不复存在。这个奇怪的结论称为达朗贝尔悖论。当然，在实际操作中并没有黏度为零的流体，所以空气动力确实是存在的。

事实上，黏度在互相流过的空气层之间产生了力。这些力就是摩擦力，它们形成了所谓的边界层（见图62）。与汽车表面接触的那层空气倾向于黏附在汽车表面上，因此这层空气会随着汽车的移动而移动。下一层空气会因摩擦力被随之拖动，但会落后一些，第三层空气就会落后得更远，以此类推。

最后，逐层向外的空气趋于静止，所以相对于汽车，空气具有相同的速度。这种逐层递进的滞后产生了一个梯度，即边界层。这一层有多厚呢？通常它纤薄如纸，而事实上，随着汽车逐渐加速，它还会变得更薄。然而，随着愈发接近车尾部，边界层会越变越厚。由于靠近汽车表面的空气层所产生的摩擦力称为表面摩擦阻力，其作用方向与汽车表面相切。

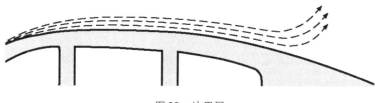

图62　边界层

当层与层之间的摩擦力不大时，它们之间很容易相互滑动。在这种情况下，所谓的层流（平滑流）就产生了，它只会发生在汽车车速相对较低时。从层流到湍流的过渡过程是空气动力学中非常重要的一部分，围绕这部分内容已经有了大量的研究。奥斯本·雷诺兹（Osborne Reynolds）是20世纪初叶最早对此进行详细研究的人之一，因而诞生了现在所谓的雷诺数（Reynolds numbers）。雷诺数由流体的黏度、密度以及速度决定。若雷诺数在0到2000之间，则该流动为层流；若雷诺数在3000以上，则该流动为湍流；二者之间的区域属于一个过渡区，在此区域内，流动的类型可来回切换（见图63）。

图63　汽车上方的流线

形状阻力

　　正如前文所见，形状阻力主要由汽车的形状决定。摩擦力会在与汽车表面呈直角的地方产生压差，如果我们把汽车表面上所有的这些压力加起来，就会得到这辆汽车上的总形状阻力。

　　形状阻力也取决于流线的分流情况以及车后的尾流。重要的是，要尽可能减少分流，并将尾流保持在最低限度。进入尾流的能量是从汽车向前运动的能量中来的，因此尾流会降低汽车的马力。

伯努利定理

　　伯努利定理是空气动力学中最为重要的关系式之一。它是由丹尼尔·伯努利在18世纪提出的。伯努利出身于瑞士的一个数学世家，因其关于流体流动的著作而为世人所知。他对水及其他流体格外感兴趣，其理念亦适用于空气。

1738年，他证实了随着流体速度的增加，其压强就会降低。在数学上可以表述为

$$p + \rho v^2/2 = 常数$$

其中：p 为气压，ρ 为空气密度，v 为速度，$\rho v^2/2$ 为动压。由此可以看出，速度决定动压，速度增大，则动压增大，气压必减小，反之亦然。这个结果仅适用于黏度为零的情况，但在边界层之外，我们可以假设情况确实如此。

这种压强的增加是飞机机翼产生升力的原因。机翼的设计使得空气在穿过其顶部时的速度大于穿过底部时的速度。若速度越大，则压强越小（见图64）。这就是说，机翼下方的压强更大，反过来产生了让飞机能够飞行的升力。

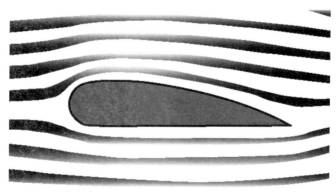

图64 机翼周围的流线

在棒球投出曲线球时情况也是一样的。旋转棒球，球周围各个点的空气速度就会接连发生变化，这样就产生了能够改变球方向的压差。

阻力与阻力系数

计算汽车上的阻力与阻力系数 c_d 都很容易。阻力 F_d 可由以下公式求出

$$F_d = \rho v^2 A_f c_d / 2$$

其中：A_f 为车前部的面积。利用平均值替代气压并适当地改变单位更便于计算。这样做我们便可得

$$F_d = (v^2 A_f c_d) / 400$$

此处，速度 v 的单位为英里/时，前部面积 A_f 的单位为平方英尺，而 c_d 值则是无量纲的。

接下来我们考虑几种情况。已知 c_d 值的范围在 0.3~0.5 之间，因此我们需要考虑一系列不同速度的情况，并将汽车前部面积设定为 18 平方英尺。

在速度为 40 英里/时的情况下，以磅计的阻力为

$$F_d = (40^2 \times 18 \times 0.5) / 400 = 36 \text{ 磅}$$

其他速度与 c_d 值的情况也可以用类似方式处理，详见表7。请注意，若是在风洞内测量阻力，我们可以使用以下公式来计算 c_d 值：

$$c_d = 400\, F_d / v^2 A_f$$

例如，假设在阻力为 50 磅、车速为 50 英里/时的情况下，可得出

$$c_d = (400 \times 50) / (50^2 \times 18) = 0.44$$

通过转换该公式可以方便地算出以等效马力表示的阻力。这样我们就能知道有多少马力被用来克服阻力，因此也就明白阻力与燃油经济性之间的关系有多值得重视了。可以得出

$$F_d(\mathrm{HP}) = (v^3 A_f c_d) / 150{,}000$$

表 7　各种不同阻力系数（c_d）、速度下的阻力

阻力系数	速度（英里/时）	阻力（磅）
0.3	40	21.6
	50	33.8
	60	48.6
	70	66.2
	80	86.4
	90	109.4
0.4	40	28.8
	50	45.0
	60	64.8
	70	88.2
	80	115.2
	90	145.8

阻力系数	速度（英里/时）	阻力（磅）
	40	36.0
	50	56.3
	60	81.0
0.5	70	110.3
	80	144.0
	90	182.3

在车速70英里/时且c_d值为0.4的情况下，可得出F_d = 16.5马力。假设你的车辆有200马力的功率，那可能看起来不要紧，但当车速为100英里/时，需要用48马力来克服风阻时，显然就十分重要了（见表8）。

表8　各种阻力系数、不同速度时阻力所需的等效马力

阻力系数	速度（英里/时）	阻力（马力）
	40	2.3
	50	4.5
	60	7.8
0.3	70	12.3
	80	18.4
	90	26.2
	100	36.0

阻力系数	速度（英里/时）	阻力（马力）
	40	3.1
	50	6.0
	60	10.4
0.4	70	16.5
	80	24.6
	90	35.0
	100	48.0
	40	3.8
	50	7.5
	60	13.0
0.5	70	20.6
	80	30.7
	90	43.7
	100	60.0

事实证明，风阻并非是唯一阻碍汽车向前运动的力，滚动阻力同样重要。在大部分情况下，滚动阻力比形状阻力小得多，但依然会产生影响。计算滚动阻力会相对困难，所以请参考图65。

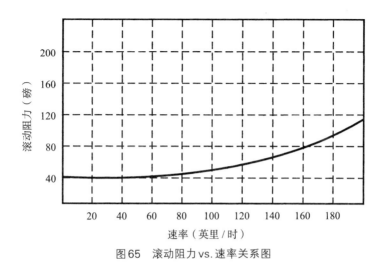

图65 滚动阻力 vs. 速率关系图

汽车的正面面积

在空气动力与阻力系数的公式中，一个重要的组成部分就是车辆的正面面积（即前部面积）。因此，若要降低阻力和阻力系数，这个面积就应该尽可能小。正面面积可通过激光扫描和汽车正面的照片来确定。要初步粗估其大小，可用汽车高度的80%乘以汽车宽度。

由于正面面积和c_d值都非常重要，所以值得研究一下它们的乘积，也就是所谓的品质因数或灵敏值。品质因数可以更好地对汽车进行比较。由于正面面积和c_d值之间可以一对一互换，所以c_d值低的车辆可能正面面积相对较大，反之亦然。因此，二者之中的一个数字并不足以说明全部问题。然而，二者的乘积却可以。

近年来，汽车正面面积已经显著减少。20世纪50年代的汽车，正面面积通常为25到26平方英尺。如今，大部分车辆的正面面积为18平方英尺，甚至更小。正面面积为18平方英尺，c_d值为0.3，即可得品质因数为5.4。

减少阻力

将空气动力学应用于汽车的目的，当然是为了减少阻力。阻力能降到多低呢？如前文所见，飞机机翼的c_d值为0.05，但这对小客车的设计并没什么帮助。可人们早就明白，如图66中的水滴形或鱼形才是最理想的形状。这种形状的阻力系数为0.03到0.04之间。

汽车周围气流的理想状态，是流线沿着汽车轮廓从头到尾，而不脱离汽车表面。在实际中，这种情况非常鲜见。即便是水滴形轮廓，在尾端附近也会形成湍流。参考图67中的图示，让我们更详尽地探讨这种流动。迎面涌来的空气在图中A点分流，其中一些从汽车上方流过，一些从汽车下方流过。流经汽车上方的气流通常在B点（就是挡风玻璃前）轻微分流并形成湍流。它们在C点汇合，随后沿着车顶（D点）冲流而去，可能在E点分流并产生更多湍流，或者平顺地从车上流走。以斜背式汽车为例，气流可持续附着在车身尾端，

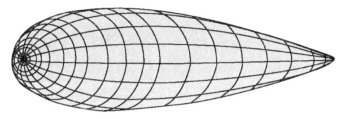

图 66　理想的空气动力学车身——水滴形

形成一个小小的尾流。

　　汽车后面的尾流相当重要。若气流分离得过于突然，就会在汽车后形成真空环境，并向车后施力。如前文所见，乌尼巴尔德·卡姆与其他几位德国研究人员于20世纪20年代发现了解决大尾流问题的方法及水滴形尖锐车尾的问题。他证实，水滴形的车尾是可以砍掉的，不会显著增加风阻。砍掉这一块确实是会轻微增加形状阻力，但由于车身面积减少了，表面摩擦力也有所降低。然而至关重要的是，切割尾部的操作必须要在后轮轴正后方的位置进行。

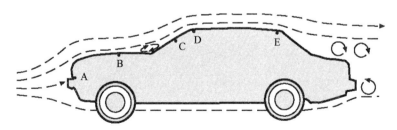

图 67　汽车上方和下方的流线示意图。请注意挡风玻璃
之前与汽车之后的湍流区域

　　切割的这部分面积称为底面积，这部分面积应该尽可能

小。切割车尾段的技术有时称为截尾。

令整体形状尽可能接近水滴形是降低阻力的方法之一，但也有别的方法。多年来，很少有人留意汽车底部，但现在我们知道，有相当一部分阻力来自此处。该区域的气流相当复杂，而且有不小的湍流。汽车运动时贴近地面，限制了气流并增大了压强。这些影响的后果我们后文再做研究。一般来说，这一区域的气流受地面与车底面之间距离、车体宽度以及汽车长度的影响，最重要的是，会受车底面粗糙程度的影响。

车底气流对赛车来说尤为重要。因此，赛车上经常会安装一种名为气坝的低弧度"保险杠"。气坝能让汽车周围的空气发生转向，由此减少从车底通过的气流量。它们还能有效减小升力。赛车偶尔也会装导流板，但大多数比赛都禁止这么做。

干扰阻力及其他形式的阻力

除汽车形状和车底面外，还有许多因素会造成阻力。像无线电天线这种小型的凸起物看似无关紧要，但它们确实会造成一些阻力。车外后视镜、挡风玻璃雨刮器、车门把手等也都会产生阻力。事实上，由于与汽车自身气流的相互作用，它们带来的总体阻力比各自带来的总和都要大。它们产生的是干扰阻力。

另一个相当大的阻力来源是车轮。车轮表面周围各点的压力各不相同，形成了阻力。车轮带动空气旋转，产生涡流形式的湍流。这些涡流会与汽车整体运动产生的涡流相互作用。曝露在气流中的车轮的阻力系数为0.45，所以将车轮嵌入车身是有利的，但也会产生相应的问题（见图68）。

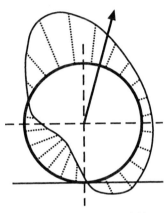

图68　轮胎周围的压力线

最后，还有由流经汽车的空气导致的内流阻力。所有发动机都需要强制进气来冷却，而这种冷却用的空气必须从前方吹入。事实上很重要的一点是，汽车前部的空气与后部附近的空气之间存在压差。总体来看，我们几乎无法降低这种阻力，这算是一种必要代价。

气动升力与下压压力

通常对于小客车来说，升力无足轻重，因为它的车速通常太低，产生不了多少升力。人们很早就注意到汽车在高速行驶时会有怪事发生：此时汽车似乎要离地起飞。我们现在都知道，升力可能会导致严重的后果，尤其对于赛车而言。它对车辆的操控性有非常严重的影响。

造成升力的原因是汽车顶部的气流比汽车底部的要快（见图69）。某种程度上说，所有的汽车都会发生这种情况。根据伯努利定理，随着车速升高，压力会减小。因此车顶部的压力会比底部的小，其结果就是产生了升力。将汽车与飞机机翼进行比较，可以看到其中的相似性。

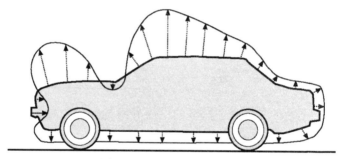

图69　升力产生时，汽车顶部与底部的压力线

升力可由如下公式求出，

$$F_l = \rho v^2 A c_l / 2$$

其中：A 为车的底面积，c_l 为升力系数。代入适当的单位将公式变成

$$F_l = v^2 A c_l / 391$$

其中：速度 v 的单位为英里 / 时，面积 A 的单位为平方英

尺，c_l 和 c_d 一样仅为数值。

升力系数可从 0 到 2，或者更大。它们由车头形状、整体造型以及车头角度等因素决定。不妨假设 c_l 为 0.5，A 为 36 平方英尺。在此情况下，可得以下结果：

速度 v（英里/时）	升力 F_l（磅）
50	115.0
60	165.6
70	225.4
80	294.4
90	372.6
100	472.0
120	662.4
150	1035.0

可以看到，若车速很快，则升力将会很大，对于赛车来说，升力可高达数百磅。

升力带来的主要影响是会减小牵引力，这会严重影响汽车的速度和最大转弯力。我们不仅想要减小升力，还想增大压力。换句话说，就是增加把轮胎推向路面的力。但希望能在做到这一点的同时，不增加车辆重量。要实现这个目标有两种方法：使用扰流板以及尾翼这样的负升力装置。

扰流板于 20 世纪 60 年代初首次用于法拉利赛车，有时也叫作法拉利扰流板。扰流板会干扰汽车顶部表面的空气流谱，在车顶上边缘处产生高压，这个高压被投射到后车窗后部的区域。随着此处的压力升高，升力就降低了。奇怪的是，尽管扰流板最初是用作减轻升力的，但后来人们发现它同样会降低阻力（见图70）。

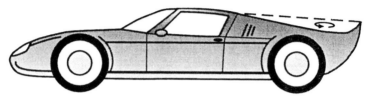

图70　扰流板

　　赛车尾翼通常被安装在后端附近。它们基本上等同于倒置的飞机机翼。众所周知，飞机机翼会产生向上的升力——这股力大到足以让飞机离地起飞。将其倒置则会改变力的方向，有效地产生了下压力。我们可以利用计算汽车升力的公式来计算尾翼的升力。在该情况下，面积即代表尾翼面积，单位为平方英尺。

　　为了了解下压力能有多大，我们来代入一些数值。假设c_1为0.85，面积为30平方英尺。当速度为120英里/时，可得F_1 = 939磅。但事情到这里还没完。负升力会产生阻力，不仅是形状阻力，还形成了一种新的诱导阻力。形状阻力是根据本章开头的常规公式计算的。诱导阻力的计算方法为

$$F_i = (c_1^2/a) \, v^2/4103$$

　　其中：a为长宽比，a = 跨度^2/面积A。

汽车的稳定性

上一节中，我们讨论了升力的问题，该问题可以理解为关于上下稳定性的问题。但方向的稳定性同样重要。为了便于理解，我们必须考虑滑移角和偏航，这两个物理量与空气动力学并无直接关系。但空气动力学肯定会影响到高速行驶时的稳定性。

滑移角我们之前探讨过了，它是轮胎滚动的方向与轮胎指向的方向之间的夹角。橡胶的弹性导致了这种角度的错位。侧向滑移的轮胎会产生一个与它垂直的侧向力，而这个力的大小取决于滑移角的大小，以及将轮胎推向路面的法向力。

驾驶者转动方向盘时，就会产生滑移角，进而产生一个将汽车推向特定方向的侧向力。这个力作用于前胎，前胎位于汽车重心前方的一段距离处，作用的结果就是产生扭矩。因此，汽车开始围绕其重心旋转，这种旋转称作偏航。这种情况发生时，汽车后胎同样会产生滑移角和侧向力。但这个力位于汽车重心的后方，因此起到抵消前方那个力的作用。

然而，仔细观察就会发现，前胎的滑移角比后胎的大，因此车会继续偏航。事实上，如果驾驶者不采取规避行动，

173

这种偏航就会导致汽车的运动变得不稳定，直至失控。驾驶者必须调整方向盘来避免这种情况。

在某些情况下，驾驶者可能需要对车内或轮胎中的某些部分进行调整，确保前胎与后胎产生的扭矩不同。人们通常会采取不同的充气方式或选用不同尺寸的轮胎。

第8章 撞车事故全过程：
碰撞中的物理学

　　两辆车正在高速公路上对向飞驰，其中一位司机开始打瞌睡。他轧过了黄线，向着另一辆车冲去。第二位司机猛踩刹车后一个急转弯，一场事故在所难免，两辆车迎头相撞。前一位司机被猛地甩出前挡风玻璃，最后栽在另一辆车的发动机盖上，当场毙命；另一位司机撞在方向盘上受了伤，但和前一位不同，他在车祸中幸存了下来。这两辆车重量相同，车速也大致一样。一位司机惨死，另一位幸存，结局看似颇为奇怪。毕竟乍看之下，两位司机的处境完全一致。但当我们细致观察时，就会发现其实有天壤之别：其中一位被安全带牢牢地扣在座椅上，而另一位没有。

　　我承认这个故事可能有点吓人，但它很能说明问题。安全带确实能救命。我们都明白，根据惯性定律，运动中的物体会保持同样的速度和方向继续运动，除非受到外力的作用。

车祸中丧生的那位司机正因为没系安全带而未与车辆相连。发生碰撞之时，他保持着相撞之前的车速继续向前，首先他撞上挡风玻璃，然后穿过挡风玻璃继续飞向另一辆车的发动机盖。撞击挡风玻璃时受到的力和飞向发动机盖时受到的力迫使他减速并停止前进，可那时再想救他的命已经太迟了。幸存的那位司机被安全带牢牢固定在车上，所以他与汽车同时向前并同时减速，正是这一点救了他的命。

碰撞固定的硬物

物理学对于理解车祸来说非常重要。正如我们马上会看到的，车祸中会发生许多种不同的状况。其中最简单之一就是汽车撞上某种坚固而不可移动的东西，比如树或者砖墙。我们可以很轻松地确定汽车撞墙时的力，这也是司机的身体将要承受的力。不妨假设车速为50英里/时，在0.04秒内刹住。解决该问题所需的两个物理量，即动量和冲量，前文已经介绍过了。动量是质量与速度的乘积，简称mv，而冲量I为

$$I = Ft$$

其中：F为力，t为力作用的时间。我们可以用牛顿第二定律将二者关联起来，

$$F = ma = m(v - v_0)/(t - t_0)$$

其中：v_0 为初始速度，t_0 为初始时间，我们可以将之视为零。重写公式可得

$$F = \Delta mv/t$$

或

$$Ft = \Delta mv$$

若汽车重量为 3000 磅，则其质量为 3000/32 或 94 斯勒格[①]，而其速度（50 英里/时）可换算为 73.3 英尺/秒。将这些量代入公式可得

$$F = 94 \times (73.3)/0.04 = 172{,}255 \text{磅}$$

不用说，这个力相当大，还会造成巨大的伤害。想象一下要承受这样的力是什么感受。为了便于理解，我们不妨将其转换为重力加速度 g。转换可通过公式 $a = F/m$ 来实现。代入后，得出结果为 1833.3 英尺/秒^2，相当于大约 57 个 g 的力。人类的身体能否承受住如此多倍的重力加速度？根据已公开发布的安全标准，人有可能在高达 80 个 g 的减速下存活。然而，关键是发生的时间必须非常短才行。此外，我们假设车内乘客不会因碰撞中产生的碎玻璃与尖锐的金属碎片致死，而实际上这种意外很容易发生。稍后我们会看到，我们可以界定一个将加速度和时间都考虑在内的严重性指数（SI）。该指数可以很好地估算出生存概率。

---

① 英制质量单位，1 斯勒格（slug）= 14.59 千克。

正面碰撞

在所有的碰撞中，正面碰撞是最常见也最致命的一种。这是一个一维的问题，因此相对容易解决。该情况的一个变种是两车同向行驶，其中一辆车被追尾（见图71）。这种情况涉及的数学原理并无不同，只有符号发生了改变。

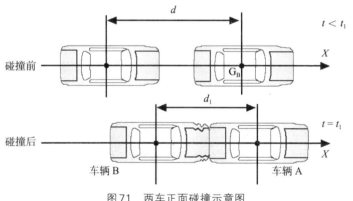

图71　两车正面碰撞示意图

首先，我们需要对比碰撞前后的动量。由动量守恒定律给出，即碰撞前的总动量等于碰撞后的总动量。用数学式表示为

$$m_1 v_1 + m_2 v_2 = m_1 V_1 + m_2 V_2$$

其中：m_1 与 m_2 为两车质量，而 v_1 与 v_2 为碰撞前的两车速度，V_1 与 V_2 则为碰撞后的两车速度。

若已知碰撞前的速度，仍有两个未知数，则问题无法求解。但在两种情况下，该问题可以解决，分别为：

    1.两车之间发生完全弹性碰撞，即两车相互反弹。

    2.两车之间发生完全非弹性碰撞，即两车碰撞后贴在一起。

第一种情况其实意义不大，因为在实际操作中从未出现过这种情况，但它很容易求解，所以我们会简要分析一下。第二种情况偶有发生且较有意义。

首先来看一下完全弹性碰撞的情况。除了上面的动量方程式，还有另一个式子。在这种类型的碰撞中，动能是守恒的，因此可得

$$\frac{1}{2}m_1 v_1^2 + \frac{1}{2}m_2 v_2^2 = \frac{1}{2}m_1 V_1^2 + \frac{1}{2}m_1 V_2^2$$

我们可以将上面这两个式子写成

$$m_1(v_2^2 - V_1^2) = m_2(V_2^2 - v_2^2)$$

$$m_1(v_1 - V_1) = m_2(V_2 - v_1)$$

用第一项除以第二项可得

$$v_1 - v_2 = V_2 - V_1$$

由此可知，两车在碰撞前的接近速度与碰撞后的分离速度相等。当然，这种情况符合完全弹性碰撞的预期。我们还可以确定碰撞后的速度 V_1 与 V_2，但它们通常无甚意义，因此

我们就忽略不计了。

下面我们来看更有意义的完全非弹性碰撞的情况，在这种情况下，两车碰撞之后会贴在一起。我们的动量方程式为

$$m_1 v_1 + m_2 v_2 = (m_1 + m_2)\ V$$

其中：V 为碰撞后的共用速度。这次由于能量并不守恒，于是不能使用能量守恒方程式。举个例子，假设两车一辆为 3000 磅重，另一辆为 4000 磅重，两车为正面相撞，3000 磅重的车辆车速为 50 英里/时，而另一辆车速为 60 英里/时，方向相反。两车质量分别为 125 斯勒格和 93.75 斯勒格，速度分别为 73.5 英尺/秒和 88.2 英尺/秒。代入后可得，两车碰撞后的速度 V 为 42 英尺/秒，方向为 4000 磅重的那辆车的初始行驶方向。然而，由于摩擦力的作用，该速度不会保持太久。

在实际情况下，大多数碰撞是介于上述两种情况之间的。换言之，既不会是完全弹性碰撞，也不会是完全非弹性碰撞。要处理这些问题，我们就需要恢复系数。该系数以 e 表示，可用以下方式界定

$$e = (V_1 - V_2)/(v_2 - v_1) = 分离速度/临近速度$$

在两车相撞的情况下，很难精准界定 e 的数值。它介于 0 到 1 之间，前文提到的两种情况为两个极端值。一颗弹力球的恢复系数是非常容易确定的。若让弹力球从高度 h_1 下落，然后触地反弹至高度 h_2，那么恢复系数即为 h_1/h_2。显然我们不能用同样的方法来测量车辆相撞时的恢复系数，因此我们通

常要进行估算。

就恢复系数来说，两车相撞后的速度相对容易计算：

$$V_1 = [(m_1 - em_2) v_1 + m_2 (1+e) v_2]/(m_1 + m_2)$$

$$V_2 = [m_1 (1+e) v_1 + (m_2 - em_1) v_2]/(m_1 + m_2)$$

在上面的讨论中我们可知，在完全弹性碰撞的情况下动能是守恒的；在其他所有情况下都并非如此。如果我们计算出碰撞发生前的总动能，并与碰撞后的总动能进行对比，就会发现二者并不相等。事实上，大量动能都会损失掉。它们去哪了呢？乍看之下，能量似乎并不守恒，但我们知道并非如此，能量必定是守恒的。那么究竟发生了什么？能量并没有丢失，而是转化成不同类型的能量，其中大部分会变为热能。在碰撞中，两车无疑都撞得粉碎，要达到这个结果就需要做功，或需要等效的动能。此外，在碰撞过程中可能还会产生部分声能以及少量的辐射能，这些都是合理的。

两个维度的碰撞

很多时候碰撞不会发生在高速公路上，也不是正面碰撞或追尾。事实上，在十字路口发生的碰撞比在高速公路上更常见。这种情况涉及的物理学原理更为复杂，因为现在要处理二维空间的问题了。不过这个问题还是能够解决的，唯一的区别就是需要用到三角函数。以横轴为 x 轴，竖轴为 y 轴，我们将所有的速度都投影到两轴之上。这点不难做到，在图72中，速度 v 沿 x 轴分量为 $v \times \cos \theta$，沿 y 轴分量为 $v \times \sin \theta$。将所有速度投影到两轴上后，我们假设动量在 x 轴和 y 轴上是守恒的，问题就可以按照前文所述的方法解决了。

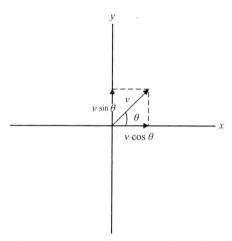

图72 二维空间的碰撞示意图。解决这种问题需要使用三角函数

在现实生活中，事情可能会相当复杂。汽车并不是一个点，而且在十字路口发生的碰撞也可能有很多种方式。例如，一辆车的头部可能会撞上另一辆车的头部，或撞上另一辆车的侧面正中，也可能会撞到车尾附近。在头尾部附近相撞的情况下，第一辆车会令第二辆车发生旋转，或给第二辆车施加一个扭矩，这种情况就必须通过精确计算加以处理。此外，另一位驾驶者可能会到最后一刻才发现即将发生碰撞，并转向以避免碰撞。在这种情况下，两车不会以直角角度相撞。

处理这种情况依然可以使用前文所述的方法，但角度会有所不同。另外的要点还有车辆在相撞后车轮是否被锁定。一旦碰撞中发生的变形足以令车轮停转，就可能出现这种情况，在详细的计算过程中必须考虑到这一点（见图73）。

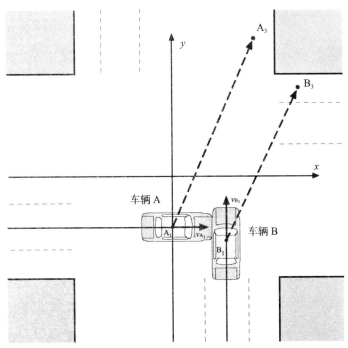

图73　在十字路口发生的碰撞示意图。箭头指示的是碰撞后车辆的朝向

　　如今计算机被广泛应用于模拟碰撞，这有助于数学研究。在高级别的模拟中，汽车头部的几何形状和碰撞的确切位置等因素都会被考虑在内，因此数学运算可能会变得相当复杂，这时通常就需要计算机介入。有几种专门为处理汽车碰撞

问题而设计的计算机程序。有关这些程序的信息可以在网站 www.e-z.net 上找到。

事故重现

当在十字路口发生碰撞时，我们能得知的只有车辆的最终位置以及刹车滑移的痕迹。在许多案例中，特别是那些诉诸法庭的案例，重现事故过程都是非常重要的。这就意味着要确定两车在碰撞前的初始速度。在多数案例中，人们特别关注是否有车超速。当然，重要线索之一就是刹车痕迹的长度。但这里就有一个问题：一辆车必须要在刹车完全锁定的情况下才会留下刹车痕迹。因此，我们只能依此确定驾驶者踩下刹车后和车轮抱死后的速度。所以实际的初始速度会比我们计算出来的略大。若需要更准确的值，就必须要对驾驶者的反应时间和刹车锁定的时间进行估算。

若已知刹车痕迹的长度，则初始速度可通过如下方程求得

$$v = 5.5 \, (\mu l)^{\frac{1}{2}}$$

其中：μ 为轮胎与路面之间的摩擦系数，l 为刹车痕迹的长度，v 为速度，单位为英里/时。举例来说，假设 $\mu = 0.7$，刹车痕迹长度为 40 英尺，那么速度则为 $5.5 \times (0.7 \times 40)^{\frac{1}{2}} = 30$ 英里/时。利用这个公式可十分便利地对几种不同的摩擦系数和刹车痕迹长度制作表格（见表 9）。

表9 不同初始速度对应的刹车痕迹长度

刹车痕迹长度（英尺）	μ	初始速度（英里/时）
40	0.5	24.6
	0.6	27.0
	0.7	29.1
	0.8	31.1
50	0.5	27.5
	0.6	30.1
	0.7	32.5
	0.8	34.7
60	0.5	30.1
	0.6	33.0
	0.7	35.6
	0.8	38.1
80	0.5	34.8
	0.6	38.1
	0.7	41.2
	0.8	44.0
100	0.5	38.9
	0.6	42.6
	0.7	46.0
	0.8	49.0
120	0.5	42.6
	0.6	46.7
	0.7	50.4
	0.8	53.9

刹车痕迹长度（英尺）	μ	初始速度（英里/时）
140	0.5	46.0
	0.6	50.4
	0.7	54.4
	0.8	58.2
160	0.5	49.2
	0.6	53.9
	0.7	58.2
	0.8	62.2

在表9中，我们假设汽车是因为路面与轮胎间的摩擦而停下的。然而在许多情况下，刹车痕迹是以碰撞结束的，我们无法确定初始速度。若初始速度已知，则可通过刹车痕迹的长度得知第一辆车撞上第二辆车时的车速。尽管没有那么准确，但汽车的初始车速也可以通过估算其对第二辆车造成的损害而求得。

在重现一起事故时，撞击发生的时间也是重中之重。这个时间通常非常短，仅有几分之一秒。举例来说，假设一辆车在十字路口撞上另一辆静止的车，我们已经确定第二辆车被碰击后退了2英尺，压扁了1英尺。我们首先需要知道在发生碰击这个时间段的平均速度。若已知撞击时的速度，就可以估算出来，因为已知最终速度为零。假设撞击发生时的速

度为 10 英里/时，则可以把撞击时的平均速度看作 5 英里/时
（7.35 英尺/秒）。则发生撞击的时间为

$$t = 3 \text{ 英尺}/7.35 \text{（英尺/秒）} = 0.4 \text{秒}$$

严重性指数

我们真正需要的是衡量事故严重程度的指标——换句
话说，就是需要一个数字来告诉我们出现死亡或严重伤害的
概率。这样的数字确实存在，被称为严重性指数（severity
index, SI）。SI 的定义如下

$$\text{SI} = (a/g)^{5/2} t$$

其中：a/g 为碰击发生时作用在人体上的力（以 g 为单
位），而 t 为碰击发生的时间。

为阐明 SI 的用途，我们不妨探讨另一个案例。假设一辆
车开始穿过十字路口，突然被一个从车前蹿出的孩子拦住了。
与此同时，一辆半吨级的卡车从其垂直方向驶入十字路口，
没有看到红绿灯，没有踩刹车就直接撞上了这辆车。事故发
生后，警方认定刹车痕迹为 83 英尺长，道路与轮胎间的摩擦
系数为 0.7。我们不妨假设碰撞为非弹性碰撞，两车在碰撞之
后各自被撞开了。

汽车重量为 3050 磅，驾驶人重量为 150 磅，总重量为 3200
磅。卡车重 3750 磅，卡车司机重 200 磅，总重为 3950 磅。我

们先从汽车的减速力开始算起。这个力可由如下公式算出

$$F = \mu mg = 0.7 \times 3200 = 2240 磅$$

根据非弹性碰撞时动量守恒，我们可得出

$$m_1 v_1 + m_2 v_2 = (m_1 + m_2) V$$

在 $v_1 = 0$ 的情况下，可得 v_2（卡车速度）$= 7150/3950 \, V$。碰撞过程中的减速度为

$$a = -F/m = -10 英尺 / 秒^2$$

现在使用 $V^2 = 2as$，其中 s 为刹车痕迹长度，可得出卡车与汽车发生碰撞时的速度为40.7英尺/秒或约为28英里/时。因此，卡车在即将撞上汽车的瞬间速度为 $1.81 \times 28 = 50.6$ 英里/时。

为更进一步研究，我们必须做一些粗略的估算。我们需要汽车的碰撞距离和碰撞发生的时间。这两点都很难认定，在此就不细说了。我们不妨使用先前在汽车撞墙的例子中求得的数值：碰撞时间为0.04秒，g 力为57。在该案例中，

$$SI = (57)^{5/2} \times (0.04) = 981$$

一般认为，若SI小于1000，则遭遇撞车事故的人能够幸存。而在该案例中，显然结果已经接近这个值了。

耐撞性

耐撞性是衡量汽车在碰撞中存活能力优劣的一个指标。

尤其是，它提供了一个可预期的、关于伤害程度的衡量标准。我们当然都希望耐撞性等级很高，换言之，我们都希望伤害能降到最小。因此，在分析汽车的耐撞性时，我们必须研究那些能降低碰撞伤害的因素是否有缺失。具体说，考虑到我们对事故伤害机制的了解，并且对撞车事故的严重性有一定的估计，我们可以认定车中的乘客是否可以在碰撞中受到更少的伤害。

值得注意的是，耐撞性并不等同于车辆的安全性。在处理耐撞性问题时，我们假设碰撞已经发生，不会关心这起事故责任在谁，或这场事故是否可以避免。车辆安全性取决于诸多因素，这些因素对于避免事故可能十分重要，如 ABS、良好的转向与操控特性、轮胎种类等。但一辆相对安全的车辆的耐撞性却可能很低。即便配备了所有能避免事故对应的功能，车辆可能仍会造成不必要的伤害。

与耐撞性相关的重要要素有安全带、安全气囊、侧撞防护、碰撞缓冲区、头枕以及内部填充物。碰撞缓冲区是指汽车前部的区域，该区域被设计成可折叠或可发生压缩形变，以便吸收碰撞时产生的力。在该区域后面，驾驶者会被包裹在一个金属笼或坚固的金属框架结构内，碰撞缓冲区可以减轻汽车其他区域承受的压力。

如今的汽车具有上述大部分功能，但这些功能在部分车型上更为强劲。在研究耐撞性时必须要考虑到所有类型的碰撞，分别有正面碰撞、两侧的侧面碰撞、追尾碰撞，以及各种类型的斜向碰撞和擦边碰撞。乘客与仪表板、方向盘的碰撞等因素也必须考虑在内。例如，可伸缩式方向盘会令汽车更耐碰撞。此外，还必须考虑到从汽车中弹出以及火灾等危险因素。

汽车的耐撞性要如何认定？回答这个问题就需要我们进行碰撞测试。

碰撞测试

一辆车突然在你面前转向，你赶紧踩下刹车，稳住自己。当碰撞不可避免时，结果会有多糟糕呢？这很大程度上取决于你的汽车的安全评级。在美国，主流的安全评级分两种，一种为政府评级，另一种则为大型保险公司评级。第一种评级由美国国家公路交通安全管理局（NHTSA）进行，第二种则由美国公路安全保险协会（IIHS）和公路损失数据协会（HLDI）进行。政府评级以星级为基础，最高水平为五星级。将两个装配有精密数据收集装置的假人系在前排座位上，以30英里/时的速度撞击一个不可变形的障碍物，这种测试被称为新车评价规程（New Car Assessment Program, NCAP）。

在汽车撞击障碍物时，假人体内的装置可以测量头部与胸部的加速度以及大腿承受的压力。装置测得的数字会被导出并输入一个计算机程序，再依据计算机得出的数据来给车辆分配星级。其中最高级为五星级，达到此星级的车辆已经超越了联邦规定的碰撞标准，此类车辆在碰撞速度下遭遇严重伤害的概率仅为10%。获得四星级的车辆也已超过联邦标准，但同等情况下，受严重伤害的概率就升至10%~20%。三星级意味着车辆刚刚通过联邦碰撞标准。一旦低于三星级，则测试不合格，未予通过。与政府测试一样，IIHS/HLDI测试同样使用配有传感器的假人。在该测试中，车辆会获得优秀、良好、合格或不合格的评级。前三个级别均达到联邦碰撞标准，最后一级为未达标。

在政府测试中，设备主要用于检查安全带与安全气囊的安全性，工作人员还会对车身结构的碰撞特性进行评估。欧洲人会使用类似IIHS/HLDI的测试来进行车辆检查。近年来，侧面碰撞测试也愈发普遍，最近还开始进行翻滚测试。这两种测试对于碰撞来说关系重大，但它们仍处在早期阶段，因而此处不会详论。

不论是NHTSA测试还是IIHS/HLDI测试，都为提高现代汽车的安全性提供了保障。现在几乎所有的汽车都配备了安全气囊、碰撞缓冲区等，使得它们比20世纪五六十年代及以后的汽车要安全得多。过去几年的一项调查还显示，大部分车辆的NCAP得分都有显著提高，所以很显然，汽车制造商十分重视这些数据。

关于汽车的碰撞评级可以在互联网和诸多出版物上找到，

详情可查阅网站www.highwaysafety.org。表10展示了其中部分数据。从该表中不难看出，这两种测试的结果并不总是一致。

毫无疑问，尽管这些测试是有帮助的，但它们也有缺陷。要测试如此多的内容，方式却只有一种，就是以30英里/时的车速撞向不可变形的障碍物，而实际发生的大多数事故都不是这种类型的。事实上，大多数碰撞发生在两车之间，每辆车都各自配有碰撞缓冲区。正因如此，欧洲的测试采用可变形的蜂窝状障碍物，这样更接近于真实的碰撞事故。

表10　不同2002年款车型的碰撞评级

车型	NHTSA测试（驾驶者/乘客）	IIHS/HLDI测试
奥迪 A6	★★★★/★★★★★	良好
别克"马刀"	★★★★★/★★★★★★	优秀
雪佛兰"羚羊"	★★★★★/★★★★★★	优秀
本田"思域"轿车款	★★★★★/★★★★★	良好
英菲尼迪 QX4	★★★★/★★★★★	合格
五十铃"陆地龙"	★★★★/★★★★	不合格
林肯 LS	★★★★★/★★★★★	优秀
福特水星"黑貂"	★★★★★/★★★★★	优秀
福特"金牛座"	★★★★★/★★★★★	优秀
奥兹莫比尔"曙光"	★★★★/★★★★	优秀
普利茅斯"霓虹"	★★★★/★★★★	合格
土星 LS	★★★★/★★★★★	良好

测试的主要问题在于与真实的事故差别很大。现实中会

发生许多不同种类的碰撞，但没有一种会被测试到。不过，测试确实能很好地反映车辆的耐撞性。安全气囊、安全带、碰撞缓冲区等无疑能够增加我们在碰撞中幸存的机会，但同样重要的是避免事故发生的能力。这取决于几种因素，包括汽车的操控性能、汽车转弯速度、刹车速度，以及它在路面上的附着力。汽车的ABS、牵引力控制系统、悬架系统、舒适性，以及能在长途驾驶时实现无疲劳驾驶的功能，都有助于提高汽车的安全性。但驾驶者的技术与能力或许才是最不可或缺的。要想预防事故，驾驶者须具备优良的技术基础。

所以，在查询碰撞评级并发现你的车荣获五星之后，你颇为得意。但在沾沾自喜之前，以下几点你应该先行考虑。这些评级结果能很好地说明当你的车撞上不可移动障碍物时受到的损害有多大。但如果迎面与一辆大卡车相撞，就算得五星也无济于事。根据物理学定律，在这样的较量之下，你的车只能屈居第二。相比卡车的动量，你的小汽车实在处于弱势了。

在过去几年间，相较于小客车，路面上涌现出了大量的SUV与皮卡，从而引发人们大量的担忧。研究证实，乘坐轿车的人（哪怕该车碰撞评级很高），一旦被SUV或皮卡撞上，其死亡可能性会增加4倍。此外，如果被SUV或皮卡从侧面撞击，死亡可能性则会高出8倍。原因当然是重量上的差距。例如，林肯"领航员"（Lincoln Navigator）重量为5500磅，而大多数轿车的重量约为3000磅。但重量并非唯一的问题。SUV与皮卡要比汽车高得多，它们的保险杠也通常高于汽车保险杠。除此之外，SUV与皮卡的车架通常会比轿车的更坚硬，也更结实。

碰撞防护

目前的大多数汽车都配备了诸多保护装置。其中历史最为悠久的就是安全带，而安全带确实在所有碰撞中都至关重要。安全带能使人与汽车形成整体，这样人就能和汽车以相同的速度减速，而不致被甩出前风挡。护肩带同样有用，有了它，你的上半身能以较缓的速度减速，但它对胸部的压力也是巨大的。

然而仅有安全带是不够的，还应搭配安全气囊同时使用。自1999年起，所有新车都会强制配备安全气囊。当气囊与安全带配合使用时，伤害通常会大大减轻。在汽车突然刹车时，损失的动量会产生一个冲力 $I = Ft$。如果撞击时间非常短，通常情况下都是这样，那么正如前文所见，这个力会非常大。安全气囊可以帮你缓冲这股力。但在某些情况下，气囊可能十分危险。例如，儿童安全座椅不应直接安装在气囊后部。另外，身材矮小的人经常会把座椅往前调，也会有一定的危险性。此外，如果没系安全带，那么气囊造成的伤害可能会比撞击还厉害。尽管存在这些问题，安全气囊还是很有价值的汽车配件，已经拯救了成千上万人的生命。

汽车前部的碰撞缓冲区也不容忽视。若你的车配备了良好的碰撞缓冲区，它可以大大增加受冲击的时间，并因此降低冲击力的大小。其他重要的安全措施包括可伸缩方向盘、侧面安全气囊以及车内的分离功能。座椅也很关键。它们能在碰撞中为乘客提供缓冲，因此必须质地柔软。座椅在追尾碰撞中尤为重要。在追尾碰撞中，头枕同样不可或缺，现在许多汽车中都配置了头枕。它们能保护你的颈部免于扭伤甚至避免颈椎骨折。

事故中最常见的伤害是哪种类型？最严重的伤害之一是头部受伤，其中脑震荡尤为常见。在碰撞发生时，大脑撞击头骨，由此产生的挤压效应会导致脑震荡。这一过程中会发生强烈的化学反应，脑震荡带来的影响需要相当长的时间才能克服。颈部受伤也十分常见，因为颈部扭伤时常会发生在突然刹车的时候。

第9章 方格旗①飘扬：
赛车中的物理学

　　观众全都站了起来。戴夫·皮尔逊（Dave Pearson）与理查德·佩蒂（Richard Petty）正在1976年的代托纳500排位赛中争夺冠军。一开始佩蒂领先，皮尔逊紧跟其后。随后，当他们进入最后一圈，并来到最后一个弯道，驶向代表终点的方格旗时，他们相撞了，两辆车都飞进内场。看台上的车迷们怀着敬畏之情，望着二人挣扎着试图发动赛车。两辆车距离终点线仅剩咫尺，但都发动不起来，不过皮尔逊坚持笑到了最后。他的车早已报废，但他愣是按着起动器按钮，将车推过了终点线。

---

　　① 黑白方格旗也称赛结旗，是赛车运动中常用的旗帜，表示到达终点线或比赛结束。

赛车迷们都知道，代托纳500[①]属于美国改装赛车竞赛协会（NASCAR）旗下赛事中的一项。改良版车赛与原装车赛均有举办。如今这些改良版车在外形上看起来与原装赛车没什么区别，但在外表之下，它们与原装赛车大不相同。不过，大部分的不同之处都是出于安全考虑的结果。事实上，原装赛车虽然是NASCAR旗下赛事中最常见的车型，但现如今许多其他种类的车型也参与其中，甚至有专门的卡车竞赛。

在另一项重要赛事——印第安纳波利斯500英里大奖赛中，使用的则是完全不同类型的参赛车辆。它体积更小，重量更轻，被称为"印地赛车"。在欧洲，一级方程式赛车（F1）和二级方程式赛车（F2）的级别与之相当。最后，我们还能看到阻力赛车的比赛。阻力赛车车形又窄又长，并且靠近地面，专为获得高加速度而设计。

最初的汽车竞赛

1900年后不久，第一场汽车竞速比赛在英格兰南部举办。英格兰在该领域领先了数年时间，法国、德国与意大利随后也加入了该行列。比赛规模在几年时间内逐渐扩大，并最终形成

---

① 全称为代托纳500英里大奖赛，每年在位于佛罗里达州代托纳海滩的代托纳国际赛道举行。比赛全程为500英里，是美国赛车文化中非常重要的赛事，有美国赛车界"超级碗"之称。

了具备国际规模的运动项目。20世纪30年代末，世界锦标赛开始举行，随后不久各大汽车制造商之间便形成了激烈的竞争。梅赛德斯、法拉利、莲花及其他制造商纷纷加入到这项运动中来。随着赛车技术的发展，汽车也发生了变化，更为笨重、体形更大的汽车被更轻巧、更具流线型的车型所取代。

赛车大奖赛在欧洲成了一项盛事，观众数量空前。每个国家都会举办自己的大奖赛。比赛车辆为一级方程式赛车或二级方程式赛车。巡回赛中有格雷厄姆·希尔（Graham Hill）、杰基·斯图尔特（Jackie Stewart）、斯特林·莫斯（Stirling Moss）和尼基·劳达（Niki Lauda）等响当当的厉害人物。在美国，同等级别的赛事就是以印地赛车相互较量的印第安纳波利斯500英里大奖赛了。其中最负盛名的选手有马里奥·安德烈蒂（Mario Andretti）、博比·温泽尔（Bobby Unser）、阿尔·温泽尔（Al Unser）以及A. J. 福伊特（A. J. Foyt）等人。美国的竞赛通常在椭圆形赛道上举行，而在欧洲，许多竞赛也会选择在公共道路上举行。200英里/时的车速很快就会十分常见。

"二战"后，随着汽车性能越来越强，原装车赛和改良版车赛在美国十分盛行。如美国赛车冠军联盟（NCSCC）和美国赛车协会（NSCRA）这样的地方机构纷纷创立，但很快，人们便需要一个全国性的统一组织。

1947年12月，比尔·弗朗斯（Bill France）与全美各地主要赛车协会的领袖会面，并草拟了建立全国性赛车协会的计划。这个被称为"NASCAR"即美国全国改装赛车竞赛协会的组织于1948年2月21日成立。首场比赛使用的是经过改装的战前汽车。然而在1949年，比尔·弗朗斯设立了"严格原厂改装"汽车竞速比赛，其中严禁自行改装车辆参赛。

许多早期比赛的桂冠都由雷德·拜恩（Red Byron）摘得，他也是全美首个主要竞速比赛的冠军。赛车运动很快实现了腾飞。10年后的1959年，第一届代托纳500英里大奖赛举办，赛车运动的发展从此一路飞奔，未曾放缓。许多家喻户晓的名字应运而生：理查德·佩蒂、凯尔·亚伯勒（Cale Yarborough）、波比·艾利森（Bobby Allison）、戴尔·埃恩哈特（Dale Earnhardt）、杰夫·戈登（Jeff Gordon）、约翰·安德烈蒂（John Andretti）以及波比·拉邦特（Bobby Labonte）等，在此仅举几例。

直线竞速赛始于南加州，彼时这些改装车玩家们在莫哈韦沙漠的干涸湖床上进行比赛。首次有组织的赛事于1931年举行。飙车手们通常两人一组沿直道比赛，每场比赛仅会持续几秒钟。在这种比赛中，所有参赛车辆都保持着很高的加速度。

赛车技巧——轮胎

当然，物理学在任何类型的赛车比赛中都不可或缺。贯穿整场比赛，作用在赛车上的力一直在变化。决定因素有很多种，重要的是车手们要了解并知道如何控制这些力。前面我们已经探讨过不少对于赛车手而言非常重要的话题了，分别为空气动力学、制动、悬架系统、发动机功率等，而我会挑选其中一些与赛车相关的内容再次展开。赛车最为重要的特性之一便是轮胎：它们是地面与车辆之间的接触面，在决定车辆的加速度与速度方面发挥着关键作用。

对于赛车手来说有两项最紧要的任务：一是将赛车保持在极限状态，二是管理好重量转移。在这一节中，我们会聚焦于如何保持赛车的极限状态，这也是区分优秀车手与平庸之辈的关键。前文中我们探讨过牵引圆的问题，对于赛车手来说，理解这一点至关重要。在这个圆内才有牵引力，出了这个圆则会滑移。圆的半径代表着车的附着力，圆的面积越大，轮胎对路面的抓地力就越强。抓地力是由轮胎上的下压力决定的，这也就是要尽可能保证下压力够大的原因。

穿过这个圆的垂直线代表加速与制动，上半部分代表加速，水平线则分别与左右转向相关。所有优秀车手的目标都是尽可能接近这些线，但同时又不越线。若出现越线，则轮胎会开始打滑，车辆就可能会失控。

观察这个圆我们就会发现，在不转向的情况下可加速到最大限度。实际上，若在加速到最大限度时转向，就会超出圆圈范围并出现滑移。同样地，最大限度的制动也在不转向的情况下才能达到。最后，只有在没有加速或制动的情况下，才能实现最大限度的左右转向。这几个点在图74中显示为a、b、c和d。它们重要性极高，并且通常是在竞速比赛时最容易保持住的点。然而在圆中间的部分则是另外一回事了。在这些情况下，你在转弯时会有一些制动或加速，这样就很难说清楚什么时候会正好触线。

图74中左侧所示的牵引圆针对的是理想情况，而现实并非总能如此。如果汽车前胎与后胎的牵引力不相同，牵引圆看起来就会不同。特别是，每组轮胎都会有一个不同的牵引圆，其中一个比另一个大些。总体的牵引圆看起来呈椭圆形，如右侧图所示。如果牵引圆是这种类型，车辆通常就会难以操控。这种车辆往往在后轮滑行时会出现过度转向，并且由于后轮胎的附着力低，在加速期间会出现转向不足。

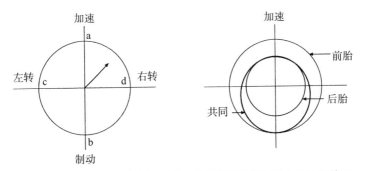

图74 牵引圆示意图。左侧圆圈显示的是前后轮胎牵引力相同的情况；右侧圆圈则是当前后轮胎牵引力不同时的情况

要搞清楚当超出牵引圆时会发生什么，就必须更深入地

探讨轮胎滑移角。假设我们将速度加到最大然后突然右转，不难看出这时就会冲出牵引圆。如果这样做会发生什么呢？

我们不妨先从低速转向开始，此时四个滑移角均为零，且假设汽车正确对准。没有轮胎打滑，车辆围绕图75所示的点转向。为了确定这个点的位置，我们可以画出与轮胎指向方向的垂直线，这样就得出了汽车转向路线所绕圆的半径。在这种情况下，汽车的重量分布在四个轮胎上。

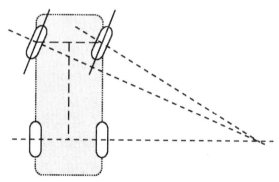

图75　未发生滑移情况下的转向半径示意图

假设现在开始加速或制动，使得汽车重量分布不匀，轮胎开始打滑。这就意味着它们没有向着汽车移动的方向转向，在汽车移动的方向和轮胎转向的方向之间产生了微小的夹角——也就是滑移角。比如，当前胎重量不够时，就会发生这种情况。此时我们就可以画出与前胎滑移角相垂直的线，并注意它们与沿后胎画出的线相交的位置。可以看到，二者的交点比上面那个例子中的交点要远一些。因此，我们此时是在围绕一个比预期中更大的圆进行转向，这将导致转向不足，车头失控并开始打滑（见图76）。对赛车手来说，驾驶着转向不足的车，有时会被形容是"车头先撞防护栏"。

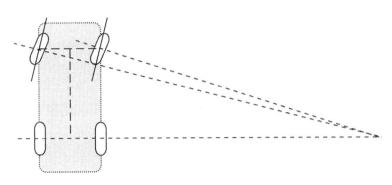

图76 前胎有滑移角时的转向半径示意图

还有一种情况就是转向过度。通常因后胎上的重量不足开始打滑，当后胎出现滑移角的时候就会出现转向过度。如图77所示，前后轮胎都出现滑移角的情况下，转向所围绕的圆的曲率半径小于预期。此时后胎打滑，造成转向过度，对于赛车手而言会导致"车尾先撞防护栏"。在这种情况下，车内侧前胎也会打滑。这辆车转向就会非常急——远急于预期。

"重"得恰到好处

对车手来说，重量分布同样重要。此处指的是汽车静止时的重量分布。一旦车开始移动，重量分布就会发生变化，这种情况我们必须单独研究。在汽车静止时，了解在每个轮胎上有多少重量是非常重要的。这主要取决于重心的位置。重心即一个点，可以看作在实际层面上，汽车的全部质量都集中于该点。惯性力作用于汽车整体，但为简化问题，我们可以视其只作用于重心。

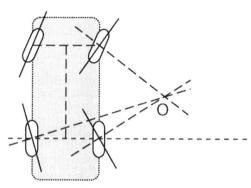

图77　前后胎均出现滑移角时的转向半径示意图

如何确定重心的位置呢？在实际操作中，确定重心通常十分困难。重心实际上就是汽车的平衡点。不过重要的是，必须记住它是三维层面上的平衡点。要界定二维物体的重心或平衡点很简单，只需将其悬挂在两个不同的点上即可找到（见图78）。但对于三维物体来说有点难办。

当一个物体形状对称、密度均匀，重心位置就不难确定。例如，球体的重心位于其正中心。若物体各个点的密度都不相同，就比如像汽车这样，问题就复杂了。最后，若物体形状不规则，就会难上加难，汽车不幸又在此列。所以汽车的

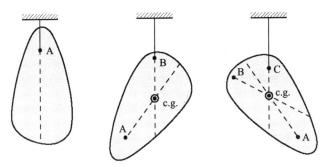

图78 确定二维物体重心的方法：选取几个不同的点悬挂

重心通常只是近似值。

　　重心的位置之所以如此重要，是因为转弯、加速与制动的力都可被视为作用在重心上。因此，侧倾与操控特性很大程度上是由重心的位置决定的。

　　假设重心的位置已经确定，现在我们就能确定汽车的重量是如何分布在四个轮胎上的。不妨假设两个前胎上的重量相同，两个后胎上的重量亦然，因此，只需确定汽车总重量中有多少作用于前轴，有多少作用于后轴。由于牵引力、转向和操控都由它来决定，因此重量分布关系重大。

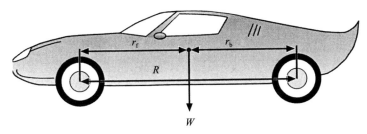

图79 车辆前后轴的重量分布示意图

假设轮胎之间的距离为 R，作用于重心的汽车重量为 W。同时假设重心到前轮的距离为 r_f，到后轮的距离为 r_b，那么作用于前轴上的重量为

$$W(r_b/R)$$

作用于后轴上的重量为

$$W(r_f/R)$$

请注意，若作用于前轴上的重量更多，则前轮轮胎抓地力更大，车辆转向性能会更好，但制动或许较弱；另一方面，若更多重量作用于后轴，后轮轮胎牵引性会更好，也会有更好的制动与加速性能，但转向可能会成问题。

因此，不论是更靠前还是更靠后，重心的确切位置都会影响汽车的操控和转向特性，重心离地的高度也很重要。正如下一节将会谈到的，它对于侧倾特性和重量转移来说都很关键。

尽管重心周围的重量分布看起来无关痛痒，但实际上也很重要。衡量这种分布的一个标准是转动惯量。汽车的转动惯量与重心一样，也很难界定。此外，它在整个汽车各个不同的轴上也是不同的。对于密度均匀的对称物体来说，转动惯量通常相对易于计算，可一旦物体不对称，算起来就难了。

在计算物体的转动惯量时，要用 mr^2 取代直线运动中的 m。正如前面的章节中谈到的，使物体停止直线运动的力的大小只由物体的总质量决定，哪怕该物体是由无数微小的子单元构成。这些子单元的作用并不明显。然而，当物体发生转动时情况就

不一样了。在转动中，mr^2起决定性作用，所以质量的分布格外重要。对于球体而言，每个与转轴距离为r、质量为m的小型质量子单元都有其作用（见图80）。作为一个整体，我们必须将所有的m和r^2的乘积相加求和。转动惯量由以下公式求出：

$$I = \sum mr^2$$

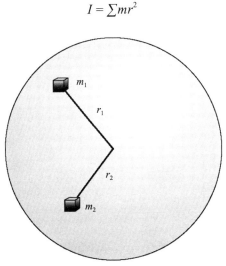

图80　转动惯量的计算方法：必须对物体中全部小立方体的转动惯量进行求和

因此，一辆惯性很大的车质量也分布在较大的体积上。其重心可能会与转动惯量较小的类似物体位于同一点，但汽车的操控性会有所不同。一辆转动惯量大的车会比转动惯量小的车转向更缓慢，就像质量大的物体比质量小的物体更难停住一样。然而，转动惯量大的这辆车就会比转动惯量小的车辆更稳定。反过来说，转动惯量小的车辆更容易转向，更加灵活，但稳定性肯定比转动惯量大的车辆稍差些。

转动物体的转轴对于转动惯量来说也很重要。如果椭球体绕其长轴转动时，转动惯量显然要小于绕着与长轴垂直的轴（横轴）转动时（见图81）。请记住，转动惯量与r^2成正比，并且在第二种情况下，转轴到大部分质量子单元的距离会更大。

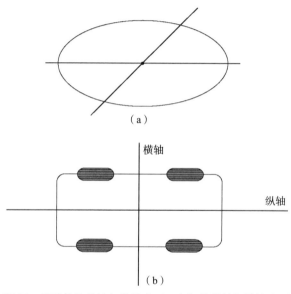

图81　椭球体的纵轴与横轴（a）；车辆的纵轴与横轴（b）

由于汽车密度与结构的差异，其转动惯量很难精准界定。通常最多只能得到近似值。不过，取一个近似处理，将汽车看作类似图81中这种椭球体，就能由此界定纵轴与横轴周围转动惯量的近似值。汽车的操控性在某种程度上取决于这两个数值的大小。很显然我们需要考虑几种情况：若汽车沿纵轴的转动惯量大，沿横轴的转动惯量小，那么该车辆在转向时反应会很慢，但会非常稳定。为提高转向能力，我们需要降低纵轴的转动惯量。但若要保持稳定性，纵轴的转动惯量就不能降低太多。若横轴转动惯量大而纵轴转动惯量小，车辆转向会非常灵敏，但纵向稳定性不佳。

平衡与重量转移

不论车辆正在移动还是处于静止状态，平衡都非常重要。第一步要确保汽车在静止时保持良好的平衡，否则汽车的操控性便不会好。很大程度上，汽车的平衡与悬架系统相关。正如前文所述，汽车在前后部各自有悬架系统，它们之间的相互协同至关重要。首先，汽车的重量应尽可能平均分布。若没有达到，校正也相对容易，只需调整弹簧硬度。例如，若车后部的重量更多，则必须增加前部弹簧的硬度。

当汽车处于运动状态时，平衡就是另一回事了，因为这时汽车的重量是在不断转移的。在比赛过程中，每个轮胎上的重量会根据加速、制动、转向等因素而不断转移。对车手来说，重要的就是知道在驾驶中使出每一招时，这辆车的重量分布是如何变化的。重量可以沿车辆的上下方向、左右方向以及前后方向转移。由于重力的作用，上下方向的情况与其他方向不同。汽车的重量状态可以在空中失重，也可以比在静止时更重。我们在前文探讨过空气动力学的影响以及由尾翼或底盘形状导致的下压力，二者都会大大增加汽车的整体重量。

在其他两种方向上，总重量则是恒定的，只能向四周转移。不论一个轮胎或一组轮胎转移走的重量是多少，都是移到另一个或一组轮胎去。例如，当汽车加速时，重量会从前轮转移到后轮，但汽车的总重量保持不变。当后轮需要牵引力时，这就很有用处，但对转向没有用处。随着前轮上的重量逐渐减少，汽车会产生转向不足的倾向。同理，如果踩刹车制动，重量转移到前轮，会出现转向过度。

假设汽车现在正在过弯，这时会有一个向心力作用于汽车绕行的圆心上。此外，在每个轮胎上都会受到一个水平的力——也就是轮胎与路面之间的摩擦力。根据汽车的重心与其侧倾中心的位置，汽车上还会获得一个扭矩，这就导致外侧的轮胎比内侧轮胎负荷更重。换句话说，重量向外侧转移到外侧轮胎上了。若与转移相关的扭矩足够大，汽车就会发生侧倾。

负荷不均会降低轮胎在赛道上的整体抓地力。因此，最好能保持轮胎负荷尽可能均衡。确切地说，负荷不均会带来怎样的后果，很大程度上取决于悬架系统。

在过弯道时，究竟有多少重量被转移了？事实证明，要计算这个并不难，外侧轮胎与内侧轮胎上的重量差可由如下公式计算

$$W_d = F_c \, h/R$$

其中：F_c 为向心力，h 为重心在赛道上方的高度，R 是轮

胎间的距离，即轴距。向心力的计算方法为

$$F_c = mv^2/r = mg(v^2/rg) = W \times a_c \text{（向心力加速度，单位为 } g\text{）}$$

W 为车辆的重量，向心力加速度由 $a_c = v^2/r$ 求出。

由于我们希望重量转移能尽量少，因此需要 h 尽可能小，R 尽可能大。换言之，重心应尽量靠近地面，车身应尽可能宽。当然，这也就是为什么赛车都是又低又宽的造型。然而需要注意的是，通过 F_c 转移的重量同样取决于汽车的速度和赛道的半径。

为阐明上述问题，不妨设定一辆重达 3000 磅的赛车正在半径为 100 英尺的弯道上以 60 英里 / 时的速度过弯。假设其重心离地面的高度为 12 英寸，车轮间距为 100 英寸。代入上述公式可知向心力为 7260 磅力，内外侧轮胎上的重量差为 872 磅。

在之前的内容中，我们处理过在汽车制动或加速时，从前轮转移到后轮的重量如何计算的问题。在本案例中的重量差应为

$$W_d = Fh/R$$

其中：F 为惯性力，并用如下方法求得

$$F = ma = mg(a/g) = W \times a \text{（加速度，单位为 } g\text{）}$$

竞赛策略

赛车手面对的主要问题之一就是：哪条路才是绕赛道最快捷的路？答案可能并不是最短的那条，因为你必须根据车

的受力情况调整速度。如果面对的是弯道，则距离最短的就是曲率半径最小的那条，但不难看出，在过曲率半径小的弯道时，你显然不能像在过大曲率半径的弯道时那么快。前文我们谈到过，半径为 r 的弯道，最大速度为

$$v = 15/22\,(ar)^{\frac{1}{2}}$$

你既希望距离最近，同时又希望保持车速尽可能快，这样通过时间才能最短。

让我们先从转直角开始，也就是说要转过一个角度为90度的弯。假设赛道平坦，而且我们只需要考虑这个弯道。因为在实际操作中，弯道之后要面对的情况通常会影响过弯的方式。此时我们假设不需要考虑弯道周围的情况，只考虑尽可能快地过弯（见图82）。

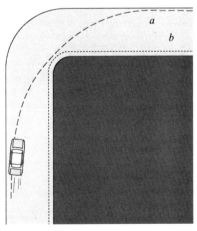

图82　过直角弯道的最佳策略

　　仅有 a 和 b 两条路径值得考虑，这两条路径在图中以虚线表示。曲线 a 的曲率半径最大而曲线 b 的半径最小。选择曲线 b 能以更快的车速行驶，但路径更长，所以车速与距离的关系即如此。曲线 b 的距离短是否能抵偿曲线 a 的车速快？一份详尽的分析表明：事实并非如此。不难证明，过弯的最短路线是曲线 a，当进入弯道时，我们保持在赛道外侧行驶，然后尽可能驶向赛道内侧边缘线的位置，等完成转向之后再继续驶向赛道外侧。要点是在转向之前制动，并尽可能保证曲率半径不变。此外，不应在过弯时加速。当然，经验丰富的老车手们早就对这些要素烂熟于心了。

　　另一种可能会遇到的转弯就是如图83所示的180度转弯。同样，我们希望尽可能保持路径曲率半径最大。因此，当接近转弯处时，应该再次在外侧行驶，并在转弯时尽可能靠近赛道内侧的边缘，然后再次驶向外侧。同之前一样，所有的制动都应该在进入弯道之前完成。

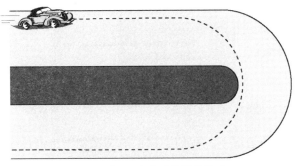

图83 过180度弯道的最佳策略

如前文所述，我们将这两种情况都孤立起来单独考虑了。但现在假设在上述的180度弯道后面还有一条很长的直道，那上文的策略就不是最佳的了。在这种情况下，我们希望能以尽可能高的车速进入直道。为此，必须在接近转向的时候加大刹车力度，同时转个急弯，如图84所示。

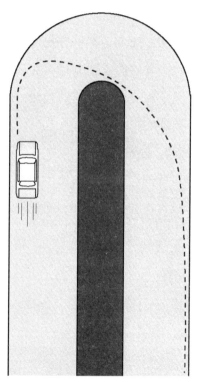

图84　后有长直道的180度弯道的最佳过弯策略

在这种情况下，我们会以比前文案例中更高的车速驶入直道。但问题也随之而来。我们必须十分小心，才能避免撞到外侧的障碍物或者冲出赛道，并且在驶入弯道时需要大力踩刹车，这时就可能被其他车手超越。

当然，上述的所有情况都是理想状况。在实际操作中，它们可能难以实现，因为会有其他赛车在前面挡道。

还有一种值得考虑的情况，就是倾斜的弯道，这种情况会更复杂些。在赛道平坦的情况下，向心力 F_c 必须由摩擦力抵偿。如果不想依赖摩擦力，就可以如图85所示让弯道倾斜一定的角度。

图85　弯道倾斜角度示意图

不难证实，在速度为 v 的情况下，倾斜角度应为

$$\tan\theta = v^2/Rg$$

很显然，没有一个角度适合所有速度。因此，倾斜弯道的角度要根据车辆通过时的平均车速而定。

在赛车比赛时有许多事情需要考虑到：平衡、重量转移、轮胎牵引力，以及经过弯道时的最佳方式等。这个过程十分复杂，但这正是赛车的魅力所在。

第10章　尖峰时刻：交通与混沌

　　本章将与前几章略有不同：这一章中，我们不再论汽车的零部件。然而，本章主题仍是一个与汽车相关的重要问题。我指的就是交通状况，确切地说，是交通拥堵。大多数人都曾被交通拥堵困在路上。通常，在阵亡将士纪念日、劳工节及其他交通格外繁忙的节假日，交通就会发生拥堵。高速公路是根据一定的交通运行量而建的，一旦超过了这个量，拥堵就出现了。没有哪个城市从中幸免。

　　近年来，美国大部分主要城市的交通拥堵情况糟糕透顶，以至于目前有多项相关研究正在进行，以期能确定疏解之法。当然，这类研究以前也曾做过，但如今的研究工具要比过去先进得多，其中的主要工具就是计算机。计算机在此类研究中不可或缺，但其本身也有局限性，还需要建立交通拥堵的仿真模型进行辅助。这一领域虽已取得一定突破，但仍存在争议。

　　在处理交通问题时，我们首先要看决定交通问题的变量：

流量、速度和密度。流量与密度彼此相关，因为流量指的是在给定的时间内通过某一点的车辆数量，而密度指的是在给定的距离（如 1 英里）内的车辆数量。这里的速度同样与它们有关，因为汽车行驶的间距越大，它们彼此之间的干扰就越少，行驶的速度也就越快（见图 86）。

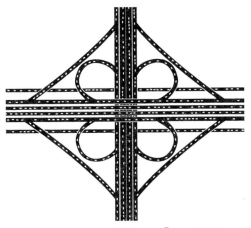

图 86　现代交通中苜蓿叶型[①]立交桥系统

　　欧洲与美国已经展开了数项重要的关于交通的计算机研究。你或许认为研究团队应由土木工程师组成，而意料之外的是，其中许多研究人员恰恰是物理学家。土木工程师修桥造路，路面上的交通状况他们自然关心，但研究交通一定要

---

　　①　现代交通中立交桥布局的一个典型类型，该类型通过使用双层立交桥结构和多个环形匝道来避免需要穿越相交道路进行的转向，因环形匝道的设计形似四叶草或苜蓿叶而得名。相似的曲线在数学领域也称为"四叶玫瑰线"。

建立交通模型，高速公路上成千上万的车流与流动的气体分子十分相似，而分子自然是物理学家关心的问题。

加利福尼亚州帕洛阿尔托施乐研究中心的伯纳多·休伯曼（Bernardo Huberman）就是一位研究交通控制领域的物理学家。休伯曼运用计算机模拟获得了一些有趣的成果。他发现，随着汽车密度的增加，整体车速就会下降，这当然在意料之中。但奇怪的是，他还发现在某些条件下，车流量反而会随着密度的增加而增加。根据休伯曼的说法，如果超车车道开始阻塞，最终就会变成一种"谁也过不去"的无人通过状态。当达到这种状态之后，交通开始作为一个整体的固块同步移动，一旦发生这种状况，平均车速反而会增加，流量也会增加。

这种形成固块或者同步流动的状态是十分理想化的，原因有几点：在这种状态下，汽车无法加速或变道，因此发生事故的可能性就小得多。已有研究表明，高速公路上的大多数事故都与加速、紧急制动和超车相关。休伯曼把这种从自由流动到同步流动的变化比作"相变"，就像液态的水变为固态的冰时发生的改变一样。但他也表示，这种状态在许多方面都是理想化的，也不稳定。流量增加可能会一直持续到某个临界点，可一旦超过这个点，同步流动就可能导致灾难。

德国斯图加特的德克·赫尔宾（Dirk Helbing）与鲍里斯·克纳（Boris Kerner）也一直在用计算机模拟交通流。他们与休伯曼一样，也认为汽车与气体分子类似，当驾驶者彼此靠得太近时，就会通过制动进行校正（不过分子显然不担心相撞的问题）。他们发现，许多在气体分子运动中出现的现象也能在交通流中看到。例如，当流动的气体遭遇瓶颈时，气体分子会压缩并形成一个冲击波，然后不断将这个冲击波向后传。在交通遭遇拥堵路段时，同样会发生这种现象：每个人都踩下刹车，就会形成一个通过车辆不断向后传递的波。当然，我们是可以预料到这种情况的，并不需要计算机来告诉我们。但赫尔宾与克纳发现的可远不止这些。他们像休伯曼一样，也证实了交通可以经历一个突然的变化，从自由流动过渡到同步流动的过程。他们同样证实了这种同步流动最初会提高流动的效率。

赫尔宾与克纳随后研究了随着车辆密度的进一步增加会发生什么情况，他们想知道这种情况会如何影响流速。正如预期的那样，随着密度的增加，流速也持续增长，当到达某一点后，随着密度持续的增加，流速开始降低。此外，当他们继续把密度推高时，流速持续下降。

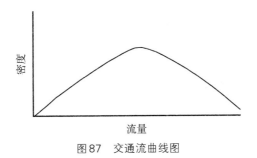

图87 交通流曲线图

　　将这个过程绘制出来，即可得到图87的曲线图。我们可以看到，曲线上有一个最大值，过了这个最高点，流动的效率就会急速下降。这可能不怎么惊人，毕竟直觉告诉我们，类似的情况终究会发生。可接下来赫尔宾与克纳的发现就真的惊人了：在某些情况下，交通流量并不会随着密度的增加而到达峰值。本质上说，交通流量可能会从这个曲线中"隧穿"而过，直接走下坡路（见图88）。尤为重要的是，要引发这种效应，并不需要遭遇大型的拥堵路段，甚至连中等程度的拥堵都不需要。反之，车流中微不足道的变化就可能会导致这种情况的发生，一旦发生，就可能会引发持续数小时的严重拥堵。

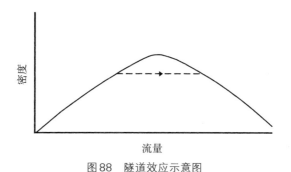

图88　隧道效应示意图

　　这种现象让人联想到混沌状态下发生的事情。所谓混沌，就是一种不存在任何组织的状态。简言之，一种无秩序状态。我们都知道，混沌在许多类似交通流的状况之下都会存在。天气就是最好的例子之一。它对初始条件有十分敏感的依赖性。在地球上的某个地方发生任意一点微小的压强改变，或是天气变化，都可能会在数天或数周之后于千里之外造成一场严重的灾害。确实，这就是为什么尽管我们坐拥遍布全球范围的卫星网络以及大型超级计算机阵列，却依然无法精准预测天气的原因。鉴于这种敏感性，"对初始条件的敏感依赖性"就成为了混沌的定义。

交通有可能陷入混沌吗？在适当的条件下，气体分子确实会陷入混沌状态，我们可以在某些类型的实验中观测到。赫尔宾与克纳的模拟情境似乎证实了其可能性，但仍存在较大争议，并非人人都相信他们的研究成果（见图89）。这种情况在许多方面都与几年前发生的某种情况非常

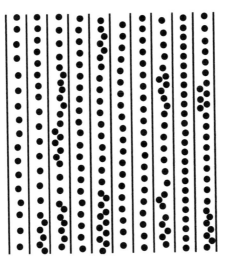

图89　多车道交通情况示意图。请注意，其中部分地方出现了类似分子的"聚积"态

类似。数十年来，交通工程师们都认为若在高速公路网的某一特定路段上出现问题（如交通堵塞、拥堵路段等），通过增加几条车道便可轻松解决。然而，在1968年，德国的迪特里希·布雷斯（Dietrich Braess）证明了事实并不一定如此。其计算结果确凿无误地表明，在某些条件下，为缓解交通问题而修建道路或增添车道，可能会适得其反。事实上，这样做实际上会降低交通运输能力。他的研究成果现在被称为布雷斯悖论。

回到我们关于交通是否会呈现混沌状态的问题。首先，我们必须要从混沌本身出发。那混沌究竟是什么呢？

简述混沌

混沌于1961年被发现。事实上，法国的亨利·庞加莱（Henri Poincare）在更早之前便曾与之邂逅，但当时他并未参透自己发现的意义。19世纪80年代末，他是在研究一个与行星相关的问题时与混沌相遇的，但发现混沌会涉及大量繁琐的运算后，他就没有继续深入了。因此，我们不得不将发现混沌的功劳归于一位麻省理工学院（MIT）的气象学者：埃德蒙·洛伦茨（Edmund Lorenz）。一位气象学家会做出像混沌这种级别的重大发现，或许看似奇怪，但正如前文所见，气象恰恰是一个混沌横行的领域。

为了将混沌的面貌看个清楚，你需要一台计算机。这也就是为何庞加莱没有继续跟进的原因，他发现前面漫无止境的复杂计算在等着他，而且他没有计算机的辅助，但洛伦茨却有。他编写了一个计算机程序来对特定类型的天气模式进行核查。1961 年的某一天，他准备对一个刚刚完成的序列进行复核。由于不需要复核整个序列，所以他选择从中间的数值开始算起。在输入上次导出的数值时，为了省时间，他决定不把之前计算机导出的小数点后六位全部数据都输入进去，仅输入了小数点后三位的结果（即将 0.309547 取作 0.309）。他确信这样不会出什么问题。毕竟小数点后的第四、五、六位小到几乎可以忽略不计。

当他稍后回来查看新的输出结果时，不禁大吃一惊。起初结果还是一样的，或者至少相差无几，但紧接着就开始与初始序列不同了，并且没一会儿的工夫，就变得截然不同了。他简直不敢相信自己的双眼。于是他又依样重来一次，发现结果依然如此（见图 90）。

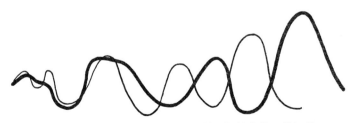

图 90　较粗的线为埃德蒙·洛伦茨的初始曲线，较细的线显现出愈发明显的偏差与混沌状态

他的方程式呈现出了一种对于初始条件的敏感依赖。在进一步核查之后，他发现即便使用不同的方程组，还是会遇到同样的问题。然而，对他来说最惊人的是，如若对初始条件有如此高的敏感依赖性，那就意味着不可能对天气做出长期预测了。现在我们都知道，五到六天就是准确预测天气的极限。

在深入研究细节时，洛伦茨发现他的计算结果遵循着一种双螺旋形的结构。但奇怪的是，该路径从未重复过。循环保持在一定范围内，但它们从不出现重叠，而是呈现出随机或混乱的状态。这种结构现在被称为"洛伦茨吸引子"（见图91、图92）。由于看起来像一只蝴蝶，以及对初始条件的敏感依赖性，洛伦茨遂提出了那则很受欢迎的预言："一只蝴蝶在世界的某一处扇动翅膀，一个月后世界的另一处可能掀起飓风来。"这当然是种夸张的说法，但确实能让人对这种敏感性产生一定的了解。

如今，我们就把这种敏感依赖性称为"混沌"。它引发了物理学家与数学家们的极大兴趣，混沌理论的出现为他们看待自然的方式带来了重大变化。在发现混沌之前，人们认为世界在很大程度上遵循的是决定论。换句话说，就是只要有适当的方程式，我们就能计算出任何东西，有了大型计算机之后就更是如此了。混沌理论告诉我们并不是这样的。自然界中还存在着诸多无法彻底说清的事物，我们将永不得其门而入。

(Michael Collier).

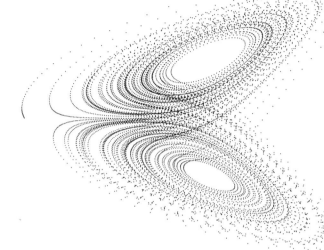

图91　洛伦茨吸引子在 zx 轴上的投影（迈克尔·科利尔　绘）

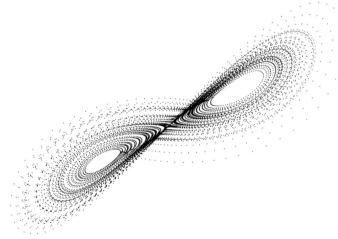

图92　洛伦茨吸引子在 zx 轴上投影的另一视角（迈克尔·科利尔　绘）

这倒不要紧，可对我们来说重要的问题是：交通或者说交通拥堵是否会陷入混沌状态，从而强烈依赖初始条件呢？交通流是否有可能变得像天气那样，一个小小的扰动就会在某处产生巨大的影响？如果是，则意味着有人在某个交通极度繁忙的时刻突然踩了一脚刹车，就可能引发一场严重的交通堵塞。赫尔宾与克纳在他们的仿真模型中发现了这种情况。

但我们不妨再深入一步。事实证明，混沌远不止洛伦茨看到的那些。惊人的是，在混沌中也暗藏着秩序。要明白这一点，我们必须看看生物学家罗伯特·梅（Robert May）所做的关于生物种群增长的研究，其中的生物种类包括囊鼠、野兔和郊狼等。其种群标准数学方程式为：

$$P_{明年} = RP_{今年}（1 - P_{今年}）$$

其中：P代表种群的大小，该数字介于0和1之间。1代表生物个体数量最大，0代表最小。R为种群的增长率。

梅在将数字代入到该方程中时，发现了一些怪事。当R超过3时，代表下一年种群大小的那条线就会一分为二，表示两个不同的种群。其中的一个数值为当年的，另一个为下一年的（见图93）。这种分裂为二的形态就称为分叉。梅发现，随着R的进一步增加，输出结果会继续分叉，而且分叉的速率越来越快，最终出现了混沌状态。一旦陷入混沌，一个特定种群的行为就不可预测了（见图94）。

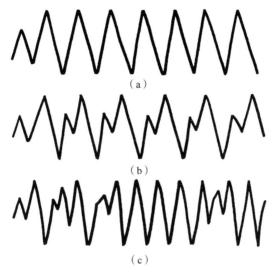

（a）

（b）

（c）

图93 （a）正常的种群增长曲线；（b）分叉为两个种群；（c）混沌状态

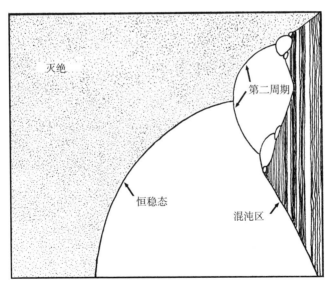

图94 罗伯特·梅所绘制的分叉与自相似性示意图

227

　　若仔细观察图94中的分叉图，就会发现封闭的白色区域会无穷无尽地持续下去。它们会越变越小，一旦把小的部分放大来看，它们基本是一致的，这被称作自相似性，它是混沌的一个重要属性。美国国际商用机器公司（IBM）的贝努瓦·曼德尔布罗特（Benoit Mandelbrot）发现这种自相似性相对普遍，在许多地方都有体现。海岸线地图就是其中一个好例子。当仔细观察海岸线时，你会发现随着观察距离越拉越近，显示的范围越来越小，相同的不规则结构会不断重复出现。曼德尔布罗特用一个简单的方程式 $z = z^2 + c$ 生成了一幅特别有趣的自相似性图像，其中 z 是一个复数，c 是一个常数（为得到该图像，方程式的输出结果必须被反复代回到式子中进行迭代）。这种结构被称为分形。自然界中的许多结构都表现出分形的特征，如树枝、人体的动脉与静脉等（见图95）。

　　如今，混沌已经被证实为非常普遍的现象了。它发生在各种不同的领域，其中包括气候变化、人口变化、疾病流行、股票市场、公众舆论、化学反应和天文学等。

混沌与交通

　　现在让我们回到我们的问题上来：交通模式中会出现混沌状态吗？正如前文所见，赫尔宾和克纳认为确实会出现

图95　著名的贝努瓦·曼德尔布罗特自相似性图形
（图片来源：乔治·欧文）

这种情况，而且他们发现，交通密度的微小波动都会造成交通堵塞。但如果混沌真的在交通问题中扮演了重要角色，那工程师们就不得不改变在交通管控方面的思路了。这等于是说，即便车辆密度远低于高速公路设计的承载量，拥堵依然可能会自发产生，而我们对此无能为力。拓宽道路或限制入口匝道的流量可能也不是解决之道。但许多交通工程师并不把这两位德国物理学家的研究结果当真。他们并不相信混沌在其中起了什么重要作用。为反驳这种怀疑论调，赫尔宾和克纳通过对德国和荷兰的几条高速公路进行监测来测试其结论，并表示结论得到了证实。可即便是这些对照也遭到了质疑。大多数研究交通的人都认同，交通拥堵确实会在看似没有显著原因的情况下发生，但他们也谨慎地表明，问题可能在于并没有人对真正的原因进行过足够详实的研究。他们认为，诸如道路状况、动物横穿道路、有人为了查看什么东西而突然刹车等状况，与其说它们是混沌，还不如说其实是过失。可如果混沌不是诸多问题的根源，那什么才是呢？让我们换种思路看问题。

简述复杂性

另一种解决交通拥堵问题的方式不会导致如此灾难性的后果，这就是复杂性理论。什么是复杂性？它与混沌相关，却不会产生那般夸张的影响。即便如此，它也表明在处理交通拥堵方面确实存在问题。

很难给复杂性下一个准确的定义，但大多数科学家都认为它是"混沌的边缘"。换言之，它是一种尚未陷入混沌（而且据推测也不会陷入混沌）的复杂现象。它像混沌一样会存在于许多领域，其中包括地震、股票市场、人类的脑电波和心脏的跳动等。

我们所感兴趣的复杂性领域被称为细胞自动机。乍一看，它似乎与交通没什么关系，但我们马上就会看到，它确实与交通有关，并且已经应用于交通模拟。细胞自动机是由物理学家约翰·冯·诺依曼（John von Neumann）于20世纪40年代末发明的。他对"机器"如何进行自我复制兴趣盎然。对他来说，这是个数学问题，而他所指的机器是一个数学概念，但我们通常将之看作一个生命体。

根据冯·诺依曼的理论，细胞自动机的状态取决于以下四种因素：

1.一个"空间"，我们可以将其看作一块大尺寸的平板，比如一块棋盘；

2.每个细胞的状态数（"细胞"相当于棋盘上的一个方格）；

3.细胞的相邻细胞；

4.一套规则。

冯·诺依曼的这套理论有一个简单的版本，那就是由普林斯顿大学的约翰·康韦（John Conway）发明的"生命游戏"①。康韦的自动机只有两种状态——黑色与白色，而且他的游戏中只有三条规则：

---

① 又称"康威（韦）生命棋"。

1.若一个细胞当前为白色，且周围有三个相邻的黑色细胞，则该细胞接下来会变为黑色；

2.若一个细胞当前为黑色，且周围有四个或更多相邻的黑色细胞，则该细胞接下来会变为白色；

3.若一个细胞当前为黑色，且周围仅有一个或没有相邻的黑色细胞，则该细胞接下来会变为白色。

其余情况下，该细胞颜色维持不变。在康韦的棋局游戏中，相邻细胞共有八个——水平方向与垂直方向共四个，还有四个在对角线方向。游戏是从一幅特定的图形起始，比如说四个黑色单元格组成的正方形，然后去观察，在应用这个规则时图形会发生什么变化。想知道一个简单的图形在几步后的走势是相对容易的，但要知道更复杂的图形在几步之后会如何变化，就需要用到计算机了。

这个游戏的目标之一就是要看给定的一套配置在几步之内会消失，还是会以某种形式继续存续下去。有一个特别有趣的起始图形，看起来像一架滑翔机。这个图形会在棋盘上沿对角线移动。事实上，可以通过设置一个简单的"滑翔机枪"来射出一连串的滑翔机（见图96）。

这个游戏格外有趣的地方在于，如果不执行规则，几乎不可能预测给定的初始配置会得出什么结果。如果尝试几次，很快就会发现这些简单的规则可能带来相当复杂的结果。

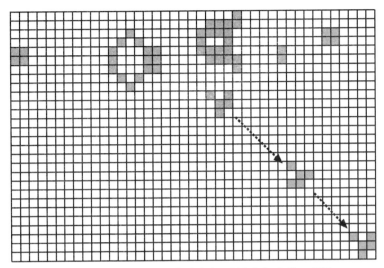

图96　约翰·康韦的生命游戏中"滑翔机"右移示意图

　　需要指出的是，正如自相似性在混沌中起重要作用一样，在复杂性理论中，自组织性也起着重要作用。也就是说，系统在经过一定次数的迭代之后，似乎会自行开始进行自我组织。换言之，即便没有系统控制器的存在，它也会表现出连贯的行为。

复杂性与交通

　　正如混沌一样，复杂性也被应用于交通。事实上，许多交通研究人员也认为交通是一种"自组织"系统。交通在许多方面都像一个生物系统，就这一点来说，细胞自动机和康韦的"生命游戏"都适用于交通。实际上，在交通中可以运用相同的规则，就是相邻汽车的状态会影响到特定某辆车的走向。洛斯阿拉莫斯国家实验室的克里斯托弗·巴雷特（Christopher Barrett）在计算机上建立了一个此类系统。他的模型被称为"交通分析与仿真系统"，简称"TRANSIMS"。复杂性理论领域的多位知名学者认为这是一种非常好的表述方式，并且将该技术用于交通是十分有效的。

该项目的一个目标就是确定新增高速公路车道或建设新的入口和出口匝道效果如何。这两种情况都可以用计算机进行模拟，成本远比建测试模型要低。TRANSIMS目前已被用于模拟美国城市周边的交通模式，这些城市包括阿尔伯克基、达拉斯、沃思堡和俄勒冈州的波特兰等地。

然而，并不是所有交通模拟都是基于混沌或复杂性理论进行的。麻省理工学院的一项名为"智能交通系统方案"（Intelligent Transport System Program）的计算机模拟系统，基于数学对驾驶者习惯（诸如超速、频繁变道等因素）进行了研究。目前该系统已被用于针对一些大型城市周边的各种道路规划方案进行测试，并已证实十分有效。

计算机程序无疑将在未来大有帮助，而且正如前文所述，其模拟成本远低于修建实际道路。然而，交通最终将不得不通过诸如自动化高速公路这样更为直接的方式进行控制。接下来咱们就来谈一谈自动化高速公路。

自动化高速公路

对交通模式与交通问题的计算机研究自然必不可少，它们无疑会帮助并指导着我们，但交通问题始终存在，并且随着人口不断增长，这个问题不会很快得到缓解。乍一看去，应对困难最直接的方式就是修建更多高速公路，但造价实在高昂。

截至目前，一条典型的高速公路车道每小时可以应对约2000辆的车流。通过使用计算机控制的自动车辆系统，该数字可显著提高。换句话说，如果我们在高速公路上使用车辆内置的计算机来控制车辆，再加上沿路的计算机和各种设备，就可以大大提高高速公路上的交通效率。事实上，已有证据表明，可以借此将交通流量提高到每小时6000辆，也就是变为原先的3倍之多。而且使用这样一个系统，比修建一个能使交通流量增加2倍的全新公路系统成本要划算得多。

自动驾驶车辆的想法存在许久，人们已经进行了大量可行性测试，但许多测试是几年前的事了。近年来，电子设备、激光和无线通信等技术都有了突飞猛进，因此对待这个想法的态度现在也变得更为严肃。自动化系统的可能性有几种：整个高速公路都是自动化的，或者仅单车道实现自动化。自动驾驶车辆也可能混入普通车流中。不论是哪种方式，自动化交通都有可能需要专属的入口匝道和出口匝道。比如在入口匝道上，驾驶者会从手动驾驶切换为自动驾驶。随后计算机感应到高速路上的车流，并将自动驾驶车辆安全地引入车流之中。一种技术可能是驾驶者根据要前往的目的地，在车内设置导航程序，导航设备可以选择最佳路线并实现接管。

另一种可能性是设置过渡车道，驾驶者可在该车道上将车辆从普通驾驶切换到自动驾驶模式。在这种情况下，驾驶者就必须在普通的控制模式下驶入高速公路。一旦车辆进入自动驾驶模式，它可能混入其他车辆或变道等，或在一条专为自动驾驶车辆保留的专用道上继续行驶。

要实现自动驾驶，车辆内部需要安装一些设备。计算机是必不可少的，但还需要诸如摄像头、无线电或红外线激光器等设备来侦测前方、后方和侧向的车辆。设备还应连接到转向和制动系统上加以控制。此外，还需要数字无线电设备，以便自动驾驶车辆之间相互通信。与道路自身的接触可通过沿路埋设的磁铁来维持，因此还需要安装磁力计来检测这些磁铁。沿路还需要小型计算机来监控交通状况。

道路沿线的设备将和车内的设备共同承担保持车辆安全间距、避免事故发生的职责。自动驾驶车辆的另一种可能性是将车辆以"一个排"或一个系列为单位相连，就像火车的一节节车厢彼此相连一样。当然，这种相连并不是指物理层面上的车身相连。对于公交车来说，这种方法效果会格外显著。

自动驾驶车辆中的乘客呢？一旦车辆进入自动驾驶模式，他或她需要做什么？因为从驾驶的责任中解放了出来，他们就可以放松一下，甚至可以休息或睡上一觉。当然，一旦接近目的地，系统必须要用车内电话将他们"唤醒"，这样驾驶者就可以回归普通的驾驶状态。

无疑，距离完全自动化的系统面世还需要至少几年的时间。这种系统的问题之一就是成本。这类系统可能将分阶段投入使用，第一步将采用更先进的巡航控制系统。例如当车辆距离另一辆车太近时，系统可能会自动采取制动。该系统可以解决的另一个问题是驾驶者打瞌睡，因为许多事故都是由于人们在驾驶时睡着引起的。车内设备可以感应到驾驶者开始昏昏欲睡，并通过扬声器进行广播提醒。

现在已有"安吉星"（OnStar）等各种导航系统在车辆中得到应用，并且毫无疑问，在未来几年间其功能将变得更为复杂、技术更加先进。

第11章　路在前方：未来的汽车

多年前，在看完电影《2001：太空漫游》（*2001: A Space Odyssey*）[1]后，我边走出电影院边想，待到2001年到来时，世界会不会真的变成那样呢？好吧，2001年早已来了又走，而且像小说一般，至少像科幻小说，并没跟上现实剧变的步伐。当然，现在我们周遭有太多东西是几十年前做梦也想不到的，互联网就是个绝佳的例子。但我们想象中那些流线型汽车静静盘旋在空气缓冲垫上，接到指令便能起动，只需简单的口令即可向着目的地疾驰而去的画面还没有完全成真。不过，最近人们在语音识别方面已经完成了大量工作，很快我们的汽车就可以开始接受使用语音指令[2]进行操作了。而且目前导

---

[1]　1968年上映的由斯坦利·库布里克执导的美国科幻电影。

[2]　随着系统的迭代与技术的不断提升，目前的智能汽车几乎都配备有智能语音交互系统，驾驶者可以通过语音指令实现更加便利和安全的车辆操控体验。——编者注

航系统在豪华轿车中也已经十分普遍了。因此，你能直接告诉你的车要开去哪里的那天已经就在前方了。

不过，目前我们还有更迫在眉睫的事要去关心。石油储备量并非无限（尽管我们都希望它是），而且"清算"的那天可能不会太远了。此外，汽车尾气污染现在也被当作大部分城市面临的主要问题之一。由此造成的死亡人数并非是在夸张。因此，尽管我们的未来"梦中情车"可能还需要等上几年才会出现，但现在工程师们正在绞尽脑汁，寻找燃油经济性问题和污染问题的解决方案。

曾几何时，人们认为电动汽车将是解决问题的办法。由于没有污染，里程表现也出色，电动汽车可以解决我们面临的大部分问题。我们只需要每晚将车插在车库的充电座上充电即可。可是，电动车需要电池——尤其需要电能储量大的电池，不幸的是电池技术还跟不上这种需求。混合动力车（hybrid electric vehicles, HEV）似乎是目前最好的选择。

混合动力汽车

只要使用两种不同能源来源的动力都被称为混合动力。混合动力车使用的能源不仅来自电力，还来自内燃机，这意味着我们还没有彻底摆脱汽油发动机。但有了电力能源的辅助，内燃机可以变得更小、效率更高，所以依然领先。

混合动力车并不新鲜。事实上，首个混合动力车的专利早在1905年便由美国工程师H. 派珀（H. Piper）成功申请了。当时他为自己的电动车辆加装了一个小型汽油发动机。不过，首批电动混合动力汽车直到1912年才面世。随后这一领域便归于沉寂。彼时内燃机取得了重大进展，所有人都把电动车忘在了脑后。20世纪70年代中期，随着石油危机的到来，人们对电动汽车的兴趣短暂复苏，可惜好景不长。随后，到90年代中期，另一轮兴趣重燃了，2000年，本田"洞察者"（Honda Insight）和丰田"普锐斯"（Toyota Prius）作为首批的两个混合动力车型号被成功投入市场。

混合动力车不如纯电车高效，也不够环保，但还是比汽油发动机车辆要好得多。内燃机中仅有20%~25%的能量会被有效地转化。而电动机可以将蓄电池中90%的能量转化为有用的能量，当然也会有其他的能量损耗。即便如此，平均来看混合动力车的效率至少是内燃机车的两倍。

电动汽车取得另一项重大突破是在20世纪90年代初。在此之前，几乎所有电动汽车使用的都是直流电动机，因为直流电动机更容易直接通过电池运行。但随着新技术的引入，直流电动机被交流电动机取代，目前所有电动汽车使用的都是交流电动机。其优势是比直流电动机更高效、更可靠。

混合动力车的优势之一是，车辆在等红灯和滑行时，都不需要耗费能量。此外，当车辆减速时，能量可以重新回到蓄电池中。这一过程被称为再生制动，这也是混合动力车特别令人兴奋的一个方面。

　　混合动力车的汽油发动机比传统车辆的更小所以更高效。传统车辆的汽油发动机之所以大，因为可以在踩下加速踏板后快速加速，还可以让车辆轻松爬坡。简言之，其巨大的马力是针对达到巅峰性能设计的，但发挥这种巅峰性能的时间不足百分之一。大多数时候，车辆都是在高速公路上匀速行驶，只会用到约20匹的马力。混合动力车是为平均的驾驶条件设计的，因此其汽油发动机可以远小于传统发动机，并兼具高效率。偶尔才需要额外的"迸发"，其状态更像一种辅助动力源。

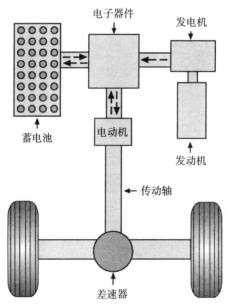

图97　混合动力车的串行配置

混合动力车的配置方式有三种：串行配置、并行配置和双模式配置。在串行配置中，仅有电动机和车轮相连（见图97）。汽油发动机和发电机的主要功能是保持蓄电池处在充电状态。蓄电池通常会将电量从60%充到80%。在电量掉到60%时，车辆中的电子装置会发动汽油发动机，汽油发动机又会驱动发电机给蓄电池充电；当电池电量充到80%时，发动机就会关闭。顺便一说，后轮的全部动力都是由电动机提供的。

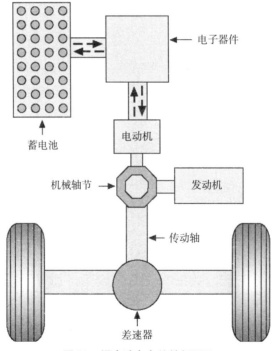

图98 混合动力车的并行配置

串行配置的主要替代模式是并行配置，在并行配置下电动机和内燃机均可驱动后轮（见图98）。该系统使得车辆加速更快，但通常并不高效。在这种情况下，电动机会在汽油发动机起动和加速过程中，或在有重载的情况下对其进行辅助。值得注意的是，电动机和汽油发动机可以同时带动变速器转动，变速器反过来会为后轮提供动力。先进的电子器件令电动机既能作为电动机使用，又能作为发电机（即反向使用的电动机）使用，因此这类车辆一般不需要发电机。

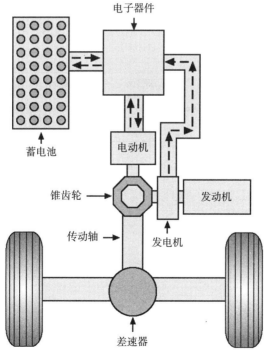

图99 混合动力车的双模式配置

第三种类型即双模式混合动力车，总的来说是一种配置了发电机的并联模式混合动力车（见图99），其发电机的用途是为蓄电池充电。在正常行驶中，发动机会同时为后轮和发电机提供动力。发电机反过来又会为蓄电池和电动机提供动力。

本田"洞察者"使用的是上述配置的改良版：它加设了一个与发动机相连的电动机。这个"辅助电动机"可协助汽油发动机，在车辆加速或爬坡时给予额外的动力。它还能起动发动机，因此就不需要起动机了。最后，它还能在制动过程中提供部分再生制动功能，以便在制动时获取能量。这个电动机的功率并不足以运行车辆自身，其主要作用是协助汽油发电机工作。

"洞察者"的汽油发动机属于三缸发动机，重量仅有124磅。它在每分钟5700转时能产生67匹的马力，但足以使汽车在11秒内从静止加速到60英里/时了。在有电动机协助的情况下，当每分钟5700转时，总马力可达73匹。虽然马力差异只有6匹，但扭矩输出却显著增长。在没有电动机辅助时，每分钟4800转时扭矩为66磅力英尺；在电动机辅助下，每分钟2000转时的扭矩即可达91磅力英尺，可谓增长显著。"洞察者"使用的变速器为传统的五速手动变速器。

丰田"普锐斯"则与本田"洞察者"有诸多不同。"普锐斯"采用双模式配置，不同于"洞察者"，"普锐斯"的电动机足以驱动车辆。事实上，在切换到汽油发动机之前，电动机就能将"普锐斯"的车速提到 15 英里／时。"普锐斯"的汽油发动机在每分钟 4500 转时可提供 70 匹马力，而电动机在每分钟 1000 到 5600 转时产生的马力为 44 匹。

"普锐斯"的一个特别之处在于它的变速器可以作为一种动力分流装置。通过它可以将汽油发动机、发电机和电动机连接在一起，也正因如此，电动机可单独为汽车提供动力，也可以和汽油发动机共同为汽车提供动力。"普锐斯"的动力分流装置是一个行星齿轮组，齿轮组中的环形齿轮与电动机相连。发电机连接着齿轮组的太阳轮，而发动机则连接着行星齿轮架。所有这些装置共同运转，决定了车辆的输出功率。

太空时代的技术：燃料电池

电动混合动力车优点多多，但要取得商业上的成功，它仍须与传统汽车一较高下。因此，混合动力车的改进迫在眉睫。其最大的劣势之一就是蓄电池，它们通常体积较大，充电速度不如预期。有什么解决之道吗？确实有。太空时代[①]的技术为我们带来了燃料电池（见图 100）。燃料电池已在部分

---

① "太空时代"的说法以 1957 年苏联发射第一颗人造地球卫星这一事件为起始点，囊括了 20 世纪五六十年代的美苏"太空竞赛"、人类的外层空间探索、航空航天技术的飞速发展等围绕太空展开的一系列重大人类活动，迄今为止仍未结束。这一概念的核心为太空相关的技术发展，并对艺术、建筑、音乐等创作领域产生了深远影响。

太空飞行中得到应用，且相较传统电池具备绝对优势。比如传统电池中的干电池，储存的电量是固定的，当电能耗尽时必须及时充电。燃料电池是靠燃料运行的，因此只要有燃料，它们就能持续运行下去。其所需燃料为氢气，而氢气储备自然十分充足。

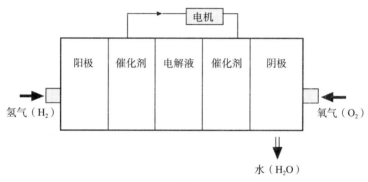

图100 燃料电池简明示意图

不走运的是，用于航天器的燃料电池通常体积庞大而低效，无法直接用于汽车。然而，20世纪80年代，加拿大工程师杰弗里·巴拉德（Geoffrey Ballard）决定试试能否令其更小巧、更高效。他兴致勃勃地想要将燃料电池用于公共汽车。经过若干实验之后，他决定尝试使用"质子交换膜技术"。在该技术下，氢气被引入电池的阳极，并通过此处与催化剂接触。催化剂的成分通常为铂，会将氢气分解为质子和自由电子。随后，其中的自由电子被吸入一个为电动机提供电力的外部电路，之后它们会返回到电池阴极附近的催化剂中。在催化剂之外的是一种可令电流流动的材料，称为电解液。质子通过电解液到达电池负极。氧气（或通常仅是空气）会引入电池负极。质子与氧气反应生成水，作为废料排出。因此，燃料电池的排放物仅为水，因此堪称"清洁"电池。

单个燃料电池产出的电能并不多，但巴拉德能够将大量燃料电池像"摊"煎饼那样"摊"成一大摞，产出相当可观的电能。正如前文所述，这种电池的理想燃料是纯氢气，但氢气本身是个麻烦事。它是一种极易挥发的气体，难以储存。燃料电池需要大量的氢气，因此氢气的密封壳必须造得相对较大且安全。此外，如果这种燃料电池在汽车中得到普遍应用，将需要建设一种全新的基础设施，即"加氢站"。

幸运的是有一种替代方案可用，但该方案会严重影响系统效率。氢气可以从多种碳氢化合物中获得，如甲醇、乙醇和汽油等，这些烃类通常更易储存。然而，在提取氢气的过程中会产生污染。不过其总体污染还是比传统汽车要轻得多。在提取氢气的过程中，需要一种"燃料重组器"。

鉴于会有化学爱好者读到这里，电池内的化学反应式如下：

阳极：$2H_2 \rightarrow 4H^+ + 4e^-$

阴极：$4e^- + 4H^+ + O_2 \rightarrow 2H_2O$

总反应方程式：$2H_2 + O_2 \rightarrow 2H_2O$。

氢燃料电池的效率约为80%，也就是说它能将氢气中80%的能量转换为电能。然而，在使用燃料重组器与甲醇时，其效率就会急剧下降至约30%~40%。在这种情况下，整体效率约为24%~32%，但仍高于汽油20%的效率。

飞轮

另一种储能方法就是使用飞轮。飞轮用于汽车已经有相当长的历史了，它是一种安装于曲轴后方的沉重的齿轮，其作用是逐一消除各个汽缸在点火时传递给曲轴的电涌。但此处我不会展开讨论飞轮的这种特定功能。混合动力车或电动汽车中，飞轮的作用其实是储存能量，从这个意义上来说，飞轮的作用类似于蓄电池。飞轮将能量以旋转动能或角动能的形式存储起来。该系统中使用电动机使转子加速到其最大转速，把电动机作为发电机，将其能量作为电能提取使用。当从旋转的飞轮中提取电能时，飞轮的转速会减慢，但它还可以通过再次加速进行"充电"。飞轮的优势是可以在相对较短的时间内提取大量电能，其充电速度也要比蓄电池快得多。

飞轮的效率约为80%。其主要能量损耗是由摩擦导致的，但可以通过使用磁铁和真空达到几乎无摩擦的效果。其缺陷之一是，为了达到最大效能飞轮需要转得尽可能快，可能需要达到高至每分钟60,000转的转速。可仔细一琢磨，这简直难以置信。很难想象在1分钟内旋转60,000次——1秒钟就要转1000次啊。

旋转飞轮中储存的动能可由如下公式求出

$$KE = \frac{1}{2} I \omega^2$$

其中：I 为转动惯量，ω 为角速度。I 由飞轮形状和结构决定。其可由如下公式求出

$$I = kmr^2$$

其中：k 为一个惯性常数，例如以下物体的惯性常数分别为：

实心圆柱体 $\qquad\qquad k = \frac{1}{2}$

环状体 $\qquad\qquad k = 1$

实心球体 $\qquad\qquad k = \frac{2}{5}$

m 为质量。

飞轮的高转速造成了一个严重的问题，即它在轮盘上产生一个向心力，其公式为

$$F_c = mr\omega^2$$

该公式表明，大多数材料是不能承受每分钟60,000转的转速的，它们会被巨大的力撕成碎片。这也意味着材料的抗张强度非常重要。保护壳发生破裂尤为危险，它必须足够坚

固才能防止碎片的扩散。在角速度如此之高的情况下，这些碎片会以非常大的力向外飞射，可能会对周遭的人造成危险。

在结束这个话题之前，我必须要针对上述的公式小小提醒一下各位。在处理角速度时，你或许认为它是以每分钟转数计的。在前文中我曾多次使用这个单位，而且只要你有一张老式留声机唱片，你无疑会记得这种唱片的转速是每分钟78转或每分钟33转。然而，科学家们更喜欢用弧度作为度量转速的单位，即一个圆周为2π。因此，1弧度约为57度。所以，若你处理的问题涉及上述公式中的任何一个，将角速度转换为弧度/分（或弧度/秒）就很重要了。

回到飞轮的话题上，罗森汽车公司（Rosen Motors）曾在加利福尼亚州使用飞轮打造过一辆格外有趣的测试车。该公司并没有如你想象的那样，使用内燃机来辅助飞轮，而是使用了涡轮发电机。涡轮发电机以汽油为动力源，并能使飞轮持续以适当的速度旋转。

超级电容器

并不是只有蓄电池与飞轮能储存电能。大多数的电子电路中都会有数十个电容器，它们也可以储电。但我们通常不会考虑用它们长期存储电能。实际上，如果给普通质量的电容器充满电，然后放置不动，在24小时乃至更短的时间内，电量就会流失一半。另一方面，碱性电池在放置三至四年后，仍能保存80%的电能。因此就汽车储能设备这点而言，电容器的主要问题是漏电。但相较于蓄电池，电容器仍有诸多优势，可以更快地充电和放电，这在汽车加速或上坡时会非常重要。

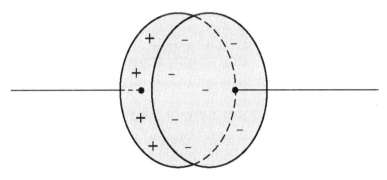

图101 电容器简明示意图

让我们简单看一下电容器（见图101）。它由两块金属极板构成，其中一块带正电，另一块带负电。因此，两块极板之间存在电位差。极板上带的电荷越多，电位差就越大。假设两块极板之间是真空，我们可以将其公式写为

$$q/V = C$$

其中：q 表示电荷量，单位为库仑；V 表示电位差，单位为伏特；C 表示电容，单位为法拉。事实证明，法拉是个非常巨大的单位，在实际操作中，更常见的单位是微法拉（即法拉的百万分之一）。通常在两块极板之间会放置电介质以增加电容，也可以通过减少极板之间的距离或增加极板的面积来

增加电容。

为完整起见，现将电容器的能量公式也一并列出：

$$E = \frac{1}{2}CV^2$$

在过去几年中，超级电容器已经被研发出来了。其储能能力为传统电容器的数百万倍。此外，超级电容器还具备快速释放能量的能力。事实上，其释放能量的速度为蓄电池的10~100倍。然而到目前为止，它们可存储能量的数量尚不如蓄电池多。超级电容器存储的能量总量约为同等重量的铅酸电池的10%。但相较于普通电容器，它们泄漏电荷的速率仅为前者的1/50。

超级电容器显然是汽车和电动混合动力车的理想之选。目前超级电容器已在通用汽车公司投放于纽约的新型电动公共汽车上投入使用。

均质充量压缩燃烧（HCCI）

关于我的第一辆车，我留存着许多美好的回忆。其中有些回忆现在看来难免好笑，可当时的我却一点也笑不出来。其中之一是那"倔强的"发动机。每当我到达目的地、拔掉钥匙，从车里跳出来，车仍然不肯熄火。我只得又钻回车里，在仪表盘上猛拍几下，还是不管用。可往往过上几分钟，发动机就自动熄火了。当时的我对此十分恼火又不明就里，一位机修师告诉我，这叫作延时运转，不必为此劳神。可在我看来这个问题还是挺讨厌。叫人吃惊的是，现在工程师们竟对此现象产生了极其浓厚的兴趣，并且给它起了个很厉害的名字叫均质充量压缩燃烧，简称HCCI。

鉴于该过程中火花塞不再点火，所以必须靠压缩加热——和柴油机的驱动过程一样。然而它与柴油机之间有一处显著区别。在柴油机中，燃料在活塞的压缩冲程中被喷入气缸，但气流的湍流只允许部分空气与燃料混合。因此该过程称为异质过程。而在HCCI过程中，混合十分彻底，燃烧温度通常较低。此外，燃料的体积小于空气，发动机产生的污染物非常少，过程相对清洁。

虽然最近人们对HCCI的兴趣颇浓，但也存在问题。发动机在空载时运作良好，而在负荷增加时往往会减速，随着负荷的不断增加，甚至会发出严重的噪声。其中的主要问题是，由于燃料和空气进行了彻底的预混合，混合物会被立即点燃，不像柴油那样能燃烧更长的时间。这一问题可以加以解决，但会导致污染增加。因此，HCCI技术似乎只适用于轻负荷状态，它更适合作为一种辅助手段而非主要的发动机。例如，它可以用于双模式发动机。在这类发动机中，处于高负荷状态时可使用常规火花塞点火，在低负荷时可由HCCI接管。目前，针对将HCCI技术用于混合动力车辆一事，有大量相关研究正在进行中。

压缩空气型汽车

真正理想的汽车，最好燃料充裕且便宜。以空气为燃料的汽车是个不错的选择。毕竟空气无处不在，不论从什么角度考虑都十分便宜。好吧，压缩空气发动机的研发工作确实已经在进行了。其中大部分工作在法国完成。这种全新的发动机属于零污染，但我们当然需要能量来压缩进入气罐中的空气，所以在某些地方（例如发电厂）还是会有些许污染存在。

压缩空气被存储于气罐中，正如传统汽车中用油箱存储汽油一样。其中的压强必须达到4400磅力/英寸^2。来自气罐的空气被输送至发动机中，推动发动机中的活塞下降。活塞带动曲轴，为车轮提供动力。与电动汽车一样，压缩空气汽车也是一种混合动力车。法国制造的发动机既可依靠压缩空气运行，也可作为内燃机使用。当行驶速度低于约40英里/时，它依靠压缩空气运行；高于这个车速，便转而使用汽油。可使用家庭电力填充压缩空气罐，但使用高压气泵可实现三分钟快速充气。

压缩空气动力发动机的一个变体是低温热机。这种发动机使用液氮作为推进剂。氮气约占到大气的78%，显然储量丰富。液氮以−320华氏度的低温储存。通过热交换器后，液氮被汽化，热交换器中的氮气会膨胀 700 倍，正是这种膨胀为车辆提供了动力。膨胀的氮气推动发动机中的活塞，类似膨胀的压缩空气。同样地，这种发动机产生的污染极少，但与压缩空气型汽车的情况相同，从空气中提取氮气需要使用电能。

这两种技术能否为未来的汽车提供动力，只有时间才能给出答案了。

车载远程信息处理系统

未来汽车的创新，不会局限于为老式汽车提供新型能源和打造新型汽车这两种形式。与汽车无线通信相关的远程信息处理系统也将改变我们的生活。我们已经用上了"安吉星"，但这不过是未来为我们捧出的一道"前菜"罢了。在未来的汽车中，你可以在仪表盘上按下一个按钮，说一声"加油"。片刻之后，就会传来一个声音，向你描述距离最近的六个加油站的位置，以及汽油品牌与价格。你再次按下按钮，说声"汽车旅馆"，那个声音就会再次响起，并列出最近的汽车旅馆清单供你选择。所有这些都是通过全球定位系统（GPS）的定位器实现的。从你的汽车中发出的信号被传送到相隔千里的卫星上，卫星由此定位了你的车，随后与互联网或其他电子系统交互后，卫星发回了信号，并将你的需求清单一并呈了上来。

　　未来的汽车会配有无线收发器、天线、文本转换语音功能、语音识别与GPS装置。这些就构成了车载远程信息处理系统的主要组成部分。该系统的主要功能是保证安全和提供安保服务。若你的车发生故障，该系统会立即提供援助。这样的系统对于追踪被盗车辆极有帮助，有助于减少汽车盗窃。该系统还能提供的其他功能，包括远程开门和在安全气囊打开时自动拨打911报警电话等。

　　导航系统已逐渐应用于相对高端的车型，而且其技术将无疑会越来越精密复杂。你只需说出目的地，就能在导航屏幕上看到几条备选路线。此外，系统能够对每条备选路线的交通状况进行查验，并为你选出一条最佳路线。该系统还可进行出行期间天气状况的预报。你还可以在出游的途中预订或购买活动赛事门票等。

　　这场新兴革命的关键就是语音识别技术。目前人们正在该领域投入大量精力，所以更为完善的那一天不会离我们太远。一个人说出自己的名字（或任意其他词）的方式就像指纹一样，具备个人特征。你的喉头会产生一种由各种不同频率和振幅的声波。旁人在说出你的名字时，声音的频率及振幅的分布是不太可能与你相同的。用接电话来举例，你就会非常熟悉了。当你接起电话听到对方声音，就会立刻听出对方是谁。

　　语音识别技术格外重要，是因为在车内需要动手操作的设备会让驾驶者分心。大多数情况下，语音指令及应答语音可以避免分散注意力。手机带来的问题众所周知，因此车载远程信息处理系统无疑会尽力避免分散驾驶者的注意力。

其他设备

远程信息处理系统很可能被视为未来几年的重大变革，但与此同时，也会有大批高科技小发明出现。我会挑出部分谈一谈。一些汽车已经具备了"夜视"功能，并且这项功能很快就会推而广之。该功能中，红外光束投射的距离要远于驾驶者目力所及的范围。该技术已有多年的军用历史，士兵佩戴夜视镜就能透过黑暗看清东西。红外线辐射实际上是一种热辐射，我们已经有了能在黑暗环境运作的、十分灵敏的热探测设备。驾驶者视野之外的图像会被投射到屏幕上，这一功能在发现夜间横跨道路的动物时格外有价值。

胎压监测仪能够将单个轮胎的胎压报告给驾驶者，任何轮胎胎压过低时都能发出提醒警报。用于监控后座儿童的车内小型摄像头不久后也会面世。同样即将到来的还有定制的车内空调系统。[①]上述设备无需过多物理学知识，但它们也确

---

① 本书英文版出版于 2003 年。该系统目前均已问世，证明了作者的预言。——编者注

实都以某种方式依靠物理学运行。

遥望未来

我们已经看出，不久的将来，汽车即可通过车载电脑和传感器实现自动驾驶。然而，伴随该前景的到来，另一项重要进展也会随之而至，那就是控制论。控制论又称神经机械学，是利用智能机器来增强人类的能力。有了它，车内设备可通过读取你的脑电波来理解你的意图。而且，假设在某种特定意图下，它会接管汽车并比你更为出色地执行任务。粗略的控制论已经能在汽车中初见雏形了，其中最好的例子之一就是ABS制动系统。当你踩下刹车时，ABS系统能感应到汽车正在滑行。通常情况下，你需要使用一踏一放制动踏板——即"点刹"的方式——来减慢车速并止住滑行，但有了ABS系统，汽车就可以将这项任务接管过来，而且它会比你做得更快更好。其他例子还有驱动防滑系统（ASR）与牵引力控制系统（TC）。该系统可以感应到某一个轮胎转速过快，并将负载转移到其他轮胎。

控制论系统如何运作？它必须要读取你的脑电波，并据此做出决策。换言之，它必须通过分析这些脑电波来确定你的需求。每个人的脑电波就像声波一样略有区别，系统便不得不根据你特定的脑电波进行校准。战斗机飞行员由于在驾驶舱内偶尔会出现工作量超负荷、无法及时反应的情况，已经在某种程度上得到了该系统的辅助。

在某些特定情况下，控制论系统显然十分重要，其中一种情况就是在事故发生之前。该系统可以感应到你在看到事故即将发生时发出的"恐慌"脑电波。许多人在这种情况下会反应过度，最终导致翻车，或者会由于惊恐而导致反应不够及时。有了这样的系统，搭配能"看到"情况不对的激光或红外探测器，就可以迅速做出正确的决定，避免事故发生。

还有两项能通过控制论系统有效校正的情况，就是前文讨论过的转向不足和转向过度。这两种情况是由车辆前后轴之间的重量分配所决定的。控制论系统可以接管并设置正确的转向量。

第12章 结语：行至终点

我们关于汽车物理学的旅程到此即是终点了。此时此刻，我回想起多年前一次与我父亲的友好争论，那场争论围绕的焦点是，宇宙和汽车发动机的工作原理，究竟哪个更令人震撼？作为一名物理学家，我当然站在宇宙这边，而作为一位机修师兼车厂老板，父亲自然选择发动机，宇宙深处发生的大部分事情对他而言都无比陌生，但他却在发动机中发现了无穷魅力——它是如何做到每秒转动那么多次却很少发生故障的，这确实令人惊奇和着迷。我不好说这场争论谁是赢家，我们都没能说服对方。但此刻，我比当时更能体会他那敬畏的心情。要试图去构想发动机中的场景及速度，都是困难的。部件之间精细的协作、时机以及部件的复杂性，想来确实令人惊叹。此时此刻的发展，让你禁不住好奇未来的汽车究竟会是什么模样。

我们已经探究了汽车的方方面面，并将重点放在背后的物理学原理上。我们学习了与驾驶相关的基础物理学知识，其中包括速度、加速度、动量和能量等概念，并计算出以不同速度过弯时的受力情况。我们界定了汽车在其加速或制动时是如何发生重量转移的，并且相当详尽地探讨了发动机的相关内容。当然，发动机乃是汽车的真正意义所在，因此深入探讨它也在情理之中。衡量发动机的标准依据——扭矩和马力，我们也分别详细研究了这两个概念。

我们还展开讨论了电力系统与刹车。这两块内容并不像汽车的其他部分那么让车迷关注，但它们对于汽车的功能却至关重要。人们在谈论从60英里/时减速到静止所需的时间时，自然远不如谈论从静止加速到60英里/时所需时间那么兴奋，但二者同等重要。毕竟一旦汽车跑起来，只有刹车才能让它停下。

悬架系统无疑是现代汽车中不可或缺的部分，不论大多数人是否意识得到，它都是试驾汽车时能让你决定购买与否的主要特性之一。对大多数人而言，平稳而放松的驾乘体验与油耗同等重要。我们也探寻了什么因素能确保我们的驾乘体验如此顺滑。

对多数人来说，空气动力学这个词都会令人联想到线条优美流畅的流线型飞机。但正如本书所述，这个词在汽车领域同样举足轻重。其中的一切都与阻力系数（c_d）这个数字紧密相关，由于 c_d 值低意味着低油耗，所以大家很自然就会问：

这个值究竟能降到多低？截至目前，有少部分汽车可以将c_d值降至0.25，但既然飞机机翼的c_d值仅有0.05，所以毫无疑问还有继续下降的空间。究竟能下降多少呢？这我不敢冒险妄论，但我肯定会取得相应的进展，且在未来几年内，看到c_d值降到0.2以下我也不会吃惊。无疑，大部分降低c_d值的压力都源自对燃油经济性的更高追求。

我们同样研究了碰撞问题。尽管我们很不愿意面对这个话题，但汽车确实会相撞。通过物理学，我们可以更好地了解碰撞的原理，并能在许多过错方并不明确的情况下界定责任归属。不过，最重要的还是如何确保汽车更加安全，物理学在这方面能提供相当多的助益。

一本关于汽车的书，要是没有专门谈论赛车的章节就是不完整的。本书中我谈到了一些赛车手应当了然于心的内容：重量分配、平衡、重量转移，以及赛车策略。训练有素的赛车手早已将这些知识融入了血液中，但它们为什么如此重要才是本章的乐趣所在。

在本书的后半部分，我转向了一个完全不同的领域：交通与交通拥堵。随着路面上的车越来越多，交通这个话题也愈发有趣了。毕竟，想解决拥堵问题总要做些什么。而其中最有意思的，就是科学家们正在将物理学中的混沌理论与复杂性理论的最新进展应用于解决拥堵问题的研究中。这种融合方式看起来似乎并不搭界，但却一直在给出有趣又有用的答案。

本书最后一章的主题是未来的汽车和与之相关的配套设备。多年来，工程师们一直在猜测未来的汽车会是什么样子。我犹记得少时曾在杂志上见过的那些未来主义风格汽车的图片。它们似乎总是拖着硕大的尾翼，而现在我们知道，那种设计并不符合空气动力学。

在我读过的一本书中，作者在最后一页写道："我觉得自己就像一名远洋客轮上的领航员，正处在这艘巨轮的谢幕航行途中。"他因不得不告别这艘船而惆怅，总觉得自己还有未尽的义务，也明白分别总归要来的。某种程度上，此刻的我也感同身受。当然，关于汽车背后的物理学，可说却还没说的还很多，但我想，来日方长，愿本书仅是个美好开始吧。

参考文献

Aird, Forbes. *Aerodynamics*. New York: HP Books, 1997.

Appleby, John. "The Electrochemical Engine for Vehicles." *Scientific American* 281, 1 (July 1999): 74.

Ashley, Steven. "Driving the Information Highway." *Scientific American* 285, 4 (October 2001): 52.

——. "A Low Pollution Engine Solution." *Scientific American* 284, 6 (June 2001): 91.

Asimov, Isaac. *The History of Physics*. New York: Walker,1966.

Birch, Thomas. *Automotive Braking Systems*. New York: Delmar, 1999.

Chinitz, Wallace. "The Rotary Engine." *Scientific American* 220, 2 (February 1969): 52.

Coghlan, David. *Automotive Braking Systems*. Boston: Breton Publishing, 1980.

DeCicco, John, and Marc Ross. "Improving Automotive Efficiency." *Scientific American* 271, 6 (December 1994): 52.

Genta, Giancarlo. *Motor Vehicle Dynamics*. Singapore:World Scientific, 1997.

Husselbee, William. *Automotive Transmission Fundamentals*. Reston, Va.:

Prentice Hall, 1980.

Norbye, Jan. *The Car and Its Wheels*. Blue Ridge Summit: Tab Books, 1980.

Parker, Barry. *Chaos in the Cosmos*. Cambridge, Mass.: Perseus, 2001.

Pulkrabek, Willard. *The Internal Combustion Engine*. Upper Saddle River, N.J.: Prentice Hall, 1997.

Remling, John. *Automotive Electricity*. New York: Wiley,1987.

Rillings, James. "Automated Highways." *Scientific American* 277, 4 (October 1997): 80.

Rosen, Harold, and Deborah Castleman. "Flywheels in Hybrid Vehicles." *Scientific American* 277, 4 (October 1997): 75.

Santini, Al. *Automotive Electricity and Electronics*. New York:Delmar, 1997.

Scibor-Rylski, A. S. *Road Vehicle Aerodynamics*. London:Pentech Press, 1975.

Sperling, Daniel. "The Case for Electric Vehicles." *Scientific American* 275, 5 (November 1996): 54.

Wilson, S. S. "Sadi Carnot." *Scientific American* 245, 2 (August 1981): 134.

Wise, David, ed. *Encyclopedia of Automobiles*. Edison, N.J.: Chartwell Books, 2000.

Wouk, Victor. "Hybrid Electric Vehicles." *Scientific American* 277, 4 (October 1997): 70.

Zetsche, Dieter. "The Automobile: Clean and Customized." *Scientific American* 273, 3 (September 1995): 102.

网站

www.members.home.net/rck.html

牛顿驾驶学校：藏在汽车中的物理学

www.aerodyn.org
www.theatlantic.com/issues/2000
www.sciam.com/explorations
www.gallery.uunet.be/heremanss

杂志
Motor Trend
Automobile
Road and Track

附录1：物理学名词中英文对照

A

阿克曼角 Ackermann angle

阿克曼效应 Ackermann effect

安培 ampere

奥托循环 Otto cycle

B

半导体 semiconductor

本田"洞察者" Honda Insight

泵轮/叶轮 impeller

边界层 boundary layer

变速器 transmission

变形能 deformational energy

变压器 transformer

标量 scalar

表面摩擦阻力 surface friction drag

并联电路 parallel circuit

并行配置混合动力车 hybrid parallel mode

伯努利定理 Bernoulli's theorem

布雷斯悖论 Braess paradox

C

侧倾刚度 roll stiffness

侧倾中心 roll center

层流 laminar flow

柴油机 diesel engine

常规电流方向 conventional current direction

常见伤害 common injuries from

超级电容器 supercapacitor

车辆安全性 vehicle safety

车载远程信息处理系统 telematics

齿轮 gears

冲程 stroke

冲量 impulse

充电系统 charging system

初级电路 primary circuit

处理交通问题 dealing with

传导 conduction

传导系数 coefficient of conductivity

传感器 sensor

串并联电路 series-parallel circuit

串联电路 series circuit

串行配置混合动力车 hybrid series
　　mode

磁场 magnetic field

次级电路 secondary circuit

D

达朗贝尔悖论 D'Alembert's paradox

大奖赛赛车 Grand Prix

代托纳 500 Daytona 500

单维度碰撞 one-dimensional

导航系统 navigation systems

导流板 belly pan

导轮 stator

导体 conductor

低温热力发动机 cryogenic heat engine

底面积 base area

点火顺序 firing order

点火系统 ignition system

点火线圈 ignition coil

电池 battery

电磁开关 solenoid

电磁铁 electromagnet

电动机 electric motor

电解液 electrolyte

电介质 dielectric

电力系统 electrical system

电流 current

电流调节系统 regulatory system

电路 electrical circuit

电能 electrical power

电气接地 electrical ground

电容 capacitance

电容器 capacitor

电枢 armature

电刷 brushes

电压 voltage

电子 electron

电子控制单元（ECU）electronic
　　control unit

电阻（器）resistor

定子 stator

动量 momentum

动量守恒 conservation of momentum

动摩擦力 kinetic friction

动能 kinetic energy

动压 dynamic pressure

独立悬架系统 independent suspension system

对流 convection

多连杆悬架系统 multilink suspension system

多片式离合器 multiple-disk clutch

E

二冲程循环发动机 two-cycle engine

二极管 diode

F

发动机 engine

发动机热力学 thermodynamics

发射极 emitter

法拉利扰流板 Ferrari spoilers

法向力 normal force

反馈制动 regenerative braking

反应部件 reaction members

反应时间 reaction time

防抱死制动系统（ABS）antilock braking system (ABS)

防冻液 antifreeze

飞轮 flywheel

非簧载系统 unsprung system

分叉 bifurcation

分形 fractal

风阻系数（c_d）coefficient of drag

浮动制动钳 floating caliper

辐射 radiation

负升力装置 negative lift devices

附着力 adhesive force

复合行星齿轮组 compound planetary gears

复杂性理论 complexity theory

G

干扰阻力 interference drag

缸径 bore

缸体 block

功 work

功率 power

固定式制动钳 fixed caliper

滚动扭矩 roll torque

滚动阻力 rolling resistance

滚转轴 roll axis

H

合力 resultant

后冷却器 aftercooler

弧度 radian

滑移角 slip angle

环向变形 circumferential deformation

换向器 commutator

簧载系统 sprung system

回弹系数 coefficient of restitution

混沌 chaos

混合动力车（HEVs）hybrid electric vehicles

火花塞 spark plug

J

机械效率 mechanical efficiency

机械优势（MA）mechanical advantage (MA)

机械增压器 supercharger

极性 polarity

集成电路 integrated circuit

集电极 collector

计算机化悬架系统 computerized suspension systems

加速度 acceleration

减速度 deceleration

减震器 shock absorbers

剪尾 bobtailing

交流电（AC）alternating current

交流发电机 alternator

交通 traffic

交通分析与仿真系统（TRANSIMS）Transportation Analysis Simulator System

交通流 flow

角速度 angular velocity

接地面 contact patch

节温器 thermostat

进气冲程 intake stroke

晶体管 transistor

径向变形 radial deformation

竞赛策略 racing strategy

静摩擦 static friction

静挠度率 static deflection rate

绝缘体 insulator

均质充量压缩燃烧（HCCI）HCCI (homogeneous-charge compression ignition combustion)

K

卡诺发动机 Carnot engine

卡诺循环 Carnot cycle

抗衰减性 fade resistance

空气标准循环 air-standard cycle

空气动力学 aerodynamics

空气动力阻力 aerodynamic drag

空气流谱 airflow pattern

控制臂 control arms

控制论 cybernetics

L

拉维娜式齿轮组 Ravigeaux gear set

雷诺数 Reynolds number

冷却系统 cooling system

力 force

励磁电流 field current

流线 flow lines

轮胎牵引力 tire traction

洛伦茨吸引子 Lorenz attractor

M

马力 horsepower

麦弗逊悬架 MacPherson suspension

美国改装赛车竞赛协会（NASCAR） National Association for Stock Car Auto Racing

摩擦 friction

摩擦力 frictional forces

摩擦系数 coefficient of friction

摩擦圆 friction circle

N

耐撞性 crashworthiness

内齿圈 annular gear

内流阻力 internal drag

内燃机 internal combustion engine

能量 energy

能量守恒 conservation of energy

牛顿运动定律 Newton's laws

扭矩 torque

扭矩倍增器 torque multiplier

扭矩传递 transmission torque

扭转变形 torsional deformation

O

欧姆定律 Ohm's law

P

帕斯卡定律 Pascal's law

排量 displacement

排气冲程 exhaust stroke

盘式制动 disk brakes

碰撞 collisions

碰撞测试 crash tests

碰撞防护 collision protection

碰撞缓冲区 crumple zone

碰撞星级评定 crash star ratings

偏航 yaw

品质因数 figure of merit

平均有效压力（mep）mean effective pressure

Q

起动机 starter

气坝 airflow dam

气缸 cylinder

牵引圆 traction circle

倾翻力偶 roll couple

倾斜弯道 banked curves

曲轴箱 crankcase

全球定位系统（GPS）global positioning system

R

燃料电池 fuel cell

燃料重组器 fuel reformer

燃烧效率 combustion efficiency

扰流板 spoilers

热传递 heat transfer

热力学 thermodynamics

热力学第一定律 first law of thermodynamics

热力学第二定律 second law of thermodynamics

热量 heat

热效率 thermal efficiency

容积效率 volumetric efficiency

S

赛车 auto racing

赛车技术 racing techniques

散热器 radiator

刹车痕迹长度 skid mark lengths

刹车顺序 stopping sequence

上止点（TDC）top dead center

升力 lift force

升力阻力 lift drag

生命游戏 game of life (Conway)

矢量 vector

示功图 indicator diagram

势能 potential energy

事故重建 accident reconstruction

枢轴 pivot axes

双 A 臂式系统 double A-arm (double wishbone) system

双模式配置混合动力车 hybrid dual mode

水力学 hydraulics

瞬心 instantaneous center

四冲程循环发动机 four-cycle engine

速度 velocity

太阳齿轮 sun gear

T

弹簧 springs

弹簧常数 spring constant

调节器 regulator

同步流动 synchronous flow

W

瓦特 watt

完全弹性碰撞 perfectly elastic collision

完全非弹性碰撞 perfectly inelastic collision

汪克尔发动机 Wankel engine

稳定杆 antiroll bar

稳定器 stabilizers

涡流 vortices

涡轮 turbine

涡轮增压器 turbocharger

无级变速器（CVT）continuously variable transmission

X

细胞自动机 cellular automata

下压力 downforce

下止点（BDC）bottom dead center

向心力 centripetal force

辛普森式齿轮组 Simpson gear set

行星齿轮 planetary gears

行星齿轮架 planetary carrier

形状阻力 form drag

悬架系统 suspension system

Y

压缩比 compression ratio

压缩冲程 compression stroke

压缩空气型汽车 compressed-air car

严重性指数 severity index

氧化铅 lead oxide

夜视系统 night vision system

液力变矩器 torque converter

液压制动器 hydraulic brakes

印第安纳波利斯500英里大奖赛 Indianapolis 500

诱导阻力 induced drag

语音识别 voice recognition

Z

振动频率 vibrational frequencies

正面面积 frontal area

正面碰撞 head-on collision

直流电（DC）direct current

指示功 indicated work

指示热效率 indicated thermal efficiency

制动功 brake work

制动距离 stopping distance

制动摩擦片 brake linings

制动器 brakes

制动钳 caliper

制动系统 braking system

质量 mass

质心 center of mass

质子交换膜技术 proton exchange membrane technology

重量 weight

重量分布 weight distribution

重量转移 weight transfer

重心 center of gravity

轴向变形 axial deformation

主动车身控制系统（ABC）active body control

转动惯量 moment of inertia

转向半径 turning radius

转子 rotor

转子发动机 rotary engine

自动变速器 automatic transmission

自动化高速公路 automated highways

自相似性 self-similarity

自振频率 natural frequency

阻力 drag force

阻力车赛 drag racing

阻力等效马力 drag equivalent horsepower

阻力系数 drag coefficient

最大制动扭矩转速 maximum brake torque speed

做功冲程 power stroke

附录 2：计量单位及其换算

物理量单位	法定计量单位			非法定计量单位			单位换算
	单位名称	单位缩写	单位符号	单位名称	单位缩写	单位符号	
长度	米	米^2	m	英尺		ft	1 英尺 = 0.3048 米
				英寸		in	1 英寸 = 0.0254 米
				英里		mile	1 英里 = 1609.344 米
面积	平方米	米^2	m^2	平方英尺	英尺^2	ft^2	1 平方英尺 = 0.092903 平方米
				平方英寸	英寸^2	in^2	1 平方英寸 = 0.0006452 平方米
				平方英里	英里^2	mile^2	1 平方英里 = 2589988 平方米

续表

物理量单位	法定计量单位			非法定计量单位			单位换算
	单位名称	单位缩写	单位符号	单位名称	单位缩写	单位符号	
体积	立方米	米³	m³	立方英尺	英尺³	ft³	1立方英尺=0.0283168立方米
				立方英寸	英寸³	in³	1立方英寸=0.0000164立方米
速度	米每秒	米/秒	m/s	英尺每秒	英尺/秒	ft/s	1英尺/秒=0.3048米/秒
				英里每小时	英里/时	mile/h	1英里/时=0.44704米/秒
质量	千克	千克	kg	磅		lb	1磅=0.4535924千克
密度	千克每立方米	千克/米³	kg/m³	磅每立方英尺	磅/英尺³	lb/ft³	1磅·英尺³=16.0185千克/米³
				磅每立方英寸	磅/英寸³	lb/in³	1磅·英寸³=27679.9千克/米³
转动惯量	千克二次方米	千克·米²	kg·m²	磅二次方英尺	磅·英尺²	lb·ft²	1磅·英尺²=0.0421401千克·米²
				磅二次方英寸	磅·英寸²	lb·in²	1磅·英寸²=0.00029264千克·米²
动量	千克米每秒	千克·米/秒	kg·m/s	磅英尺每秒	磅·英尺/秒	lb·ft/s	1磅·英尺/秒=0.138255千克·米/秒

续表

物理量单位	法定计量单位			非法定计量单位			单位换算
	单位名称	单位缩写	单位符号	单位名称	单位缩写	单位符号	
力	牛顿	牛	N	千克力		kgf	1千克力=9.80665牛
				磅力		lbf	1磅力=4.44822牛
角动量	千克二次方米每秒	千克·米²/秒	kg·m²/s	磅二次方英尺每秒	磅·英尺²/秒	lb·ft²/s	1磅·英尺²/秒=0.042140千克·米²/秒
力矩	牛顿米	牛·米	N·m	千克力米		kgf·m	1千克力米=9.80665牛·米
				磅力英尺		lbf·ft	1磅力英尺=1.35582牛·米
				磅力英寸		lbf·in	1磅力英寸=0.112985牛·米
压强	帕斯卡	帕	Pa	磅力每平方英尺	磅力/英尺²		1磅力/英尺²=47.8803帕
				磅力每平方英寸	磅力/英寸²		1磅力/英寸²=6894.76帕
能量，功	焦耳	焦	J	卡			1卡=4.1868焦
				英热单位		BTU	1英热单位=1055.06焦

续表

物理量 单位	法定计量单位			非法定计量单位			单位换算
	单位名称	单位缩写	单位符号	单位名称	单位缩写	单位符号	
功率	瓦特	瓦	W	公制马力		HP	1公制马力=735.5 瓦
				英制马力		HP	1英制马力=745.7 瓦
				英尺磅力每秒	英尺·磅力/秒	ft·lbf/s	1英尺磅力每秒=1.35582 瓦
温度	开尔文	开	K	华氏度		℉	1摄氏度=1 开
	摄氏度		℃				1华氏度=5/9 开

图书在版编目（CIP）数据

牛顿驾驶学校：藏在汽车中的物理学 /（美）巴里·
帕克著；朱蒙译.—北京：商务印书馆，2023
ISBN 978-7-100-22369-0

Ⅰ.①牛… Ⅱ.①巴… ②朱… Ⅲ.①物理学—普及
读物 Ⅳ.① O4-49

中国国家版本馆 CIP 数据核字（2023）第 072855 号

牛顿驾驶学校：藏在汽车中的物理学
〔美〕巴里·帕克 著
朱蒙 译
———————————————
商 务 印 书 馆 出 版
（北京王府井大街36号 邮政编码100710）
商 务 印 书 馆 发 行
北京中科印刷有限公司印刷
ISBN 978 - 7 - 100 - 22369 - 0
———————————————
2023 年 7 月第 1 版　　　开本 889×1194　1/32
2023 年 7 月北京第 1 次印刷　印张 9
定价：55.00 元